EM Lösungen
Der Kreislauf des Lebens

Möglichkeiten und Grenzen
der Effektiven Mikroorganismen

tosa

Ernst Hammes

EM Lösungen

Der Kreislauf des Lebens

Möglichkeiten und Grenzen der Effektiven Mikroorganismen

Inhalt

➤ Vorwort zur ersten Auflage 2004

Der Wissenstransfer aus biologischen und physikalischen Forschungseinrichtungen in die angewandten Wissenschaften, wie Landwirtschaft, Ökotrophologie oder Medizin, ist nicht immer ausgeprägt. Die Kooperation zwischen den Forschungseinrichtungen ist anerkanntermaßen entwicklungsbedürftig. Zusätzlich sind alle Forschungseinrichtungen heute gehalten, ihre Arbeit so auszurichten, dass möglichst schnell wirtschaftliche Ergebnisse erzielt werden können. Alle wissenschaftlichen Einrichtungen sind auf hohe Anteile von Drittmitteln zum Erhalt der Institute angewiesen. Die Auftraggeber binden die Forschungskapazitäten, sodass über grundsätzliche Fragen eigentlich noch mehr nachgedacht werden könnte. Doch immer wieder betrachten neugierige Wissenschaftler mit unüblichen Fragestellungen die Zusammenhänge in der Natur.

In diesem Beitrag werden in Kurzform Erkenntnisse aus Biologie, Physik und Medizin auf ihre Relevanz für die Landwirtschaft und die Ernährung untersucht.

Mediziner definieren das Leben, indem sie die Stromflüsse in Organismen messen. Fließt bei einem Menschen kein Hirnstrom mehr, konstatieren Mediziner das Ende des Lebens. Ökotrophologen und Tierernährer definieren als Grundlagen des Lebens das Vorhandensein von Stoffen und den Stoffwechsel von Kohlenhydrat, Fett und Eiweiß. Sie untersuchen die Bestandteile der Nahrung, aber nicht den Parameter, den die Medizin als unumstößlich für die Anwesenheit von Leben definiert. Man könnte, wenn man sich als Landwirt der medizinischen Definition von Leben anschließt, auf den Gedanken kommen, dass unsere Nahrung und die Futtermittel für die Tiere nicht nur Kohlenhydrat, Fett und Eiweiß, sondern auch Strom liefern sollten.

Hygieniker denken seit langem darüber nach, durch die Anwesenheit guter Mikroben den Platz für potenziell pathogene Keime zu besetzen. Am Lebensmittelmarkt hat man schon entsprechende Strategien entwickelt und die Konsumenten nutzen die angebotenen Waren. Hier sei insbesondere an die probiotischen Joghurts erinnert.

Mit der Anwendung dieses Wissens lassen sich völlig neue Strategien zur Hygiene entwickeln. Die Furcht vieler Wissenschaftler vor entgleisenden Mikrobenbiotopen hemmt die Forschung. Den meisten ist nicht mehr bewusst, dass sie die Gedanken von Robert Koch so verinnerlicht haben, dass sie die sehr praktischen Ergebnisse von Virchow nicht beachten.

Virchow verteilte milchsaure Mikrobenbiotope in Krankenzimmern – ließ diese mit Sauerteigbrotkrümeln ausfegen – und erzielte damit erstaunliche hygienische Vorteile.

Solch einfache Lösungen erscheinen den meisten Wissenschaftlern als zu simpel und zu preiswert für ihre Fragestellungen. Außerdem sind keine Geldgeber in Sicht, die solch kostenminimale Lösungen finanzieren wollen.

Die Biologie lehrt seit etwa zwei Jahrzehnten, dass die mikrobielle Umsetzung organischer Substanz die Grundlage des Pflanzenlebens ist. Diese Erkenntnis wurde in wissenschaftlichen Einrichtungen der neuen Bundesländer aufgegriffen, da dort in den Zeiten der DDR bereits an kostengünstigen Lösungen für den Pflanzenbau geforscht wurde.

Dr. Ruppel am Institut für Gemüse- und Zierpflanzenbau Großbeeren/Erfurt e. V. veröffentlichte bereits 1992 den Nachweis, dass lebende Mikroben in den Pflanzenzellen und im extrazellulären Raum einen wesentlichen Einfluss auf das Wachstum von Pflanzen nehmen und mit den Bodenmikroben korrespondieren. Doch heute noch wird an den meisten landwirtschaftlichen Hochschulen gelehrt, dass die Pflanzen sich fast ausschließlich von in Wasser gelösten Mineralien ernähren. Dass Mikroben die Mittler zwischen der mineralischen und der lebendigen Welt sind, findet kaum Beachtung. Das Management organischer Substanz wird für Böden fast ausschließlich als nützlich zum Schutz gegen Erosion bewertet.

Das Produkt EM1, ein Milchsäure betonter Mikrobenmix, wird seit 1982, von Japan kommend, in inzwischen über 130 Ländern der Erde in der landwirtschaftlichen Praxis erfolgreich verwendet. Dabei lässt sich mit minimalen Kosten das Faulen organischer Substanz in biologischen Systemen (Boden, Verdauung, Abfallhaufen) verhindern. Erwünschte Mikrobenbiotope besetzen die Plätze, die von potentiell pathogenen oder Fäulnis hervorrufenden Keimen eingenommen werden könnten. Der Erfolg scheint darauf zu beruhen, dass biologische Systeme ohne Fäulnis sehr effizient arbeiten.

Jeder Abfall kann so zur Grundlage neuen Lebens im seit Jahrmilliarden funktionierenden Kreislauf der Materie auf unserem schönen Blauen Planeten werden.

Die vorliegende Schrift will naturwissenschaftlich interessierten Menschen den Zugang zu neuen Denkmustern ermöglichen, um so Landwirten und Gärtnern neue Forschungsszenarien zu öffnen, die zu nachhaltig preiswerten und die Umwelt schonenden Produktionsmethoden führen. Gleichzeitig wird angestrebt, am Markt vorhandene preiswerte, summarisch arbeitende Analysemethoden für Lebensmittelqualität in das Bewusstsein der Verantwortlichen zu bringen.

Prof. Dr. Hermann Schlagheck

Vorwort zur erweiterten Neuauflage 2008

Explodierende Rohstoff- und Nahrungsmittelpreise und Berichte über Naturkatastrophen sind fast jeden Tag in den Nachrichten zu lesen oder zu hören. Warnungen vor sozialen Unruhen erreichen uns fast täglich. Die Voraussetzungen für das Leben in dieser Welt befinden sich offensichtlich in einem starken Umbruch.

Manche Menschen reagieren darauf mit Besorgnis. Andere sehen in dieser Situation den Anreiz, weiter zu forschen und die neuen Erkenntnisse anzuwenden; denn sie wissen, dass es für jedes Problem eine Lösung gibt und dass unser Wissen über die Zusammenhänge in dieser Welt noch sehr lückenhaft ist. Deswegen sei hier der Versuch unternommen, einige derzeit noch ungewohnte Denkweisen zu beschreiben und Lösungswege vorzuschlagen, die bereits mit Erfolg beschritten worden sind.

Eigentlich hatten wir geplant, den *Kreislauf des Lebens* nicht mehr aufzulegen. Doch als sich diese Nachricht verbreitete, bekamen wir viele Zuschriften, diese grundlegenden Gedanken doch weiter zu publizieren. Daher haben wir uns entschlossen, den Text an einigen Stellen zu überarbeiten und ferner weiterführende Gedanken in diese Veröffentlichung aufzunehmen.

Wenn wir über das Leben nachdenken – so wurde im Laufe von Diskussionen bei vielen unserer Beratungsgespräche, Vorträge und Seminare immer wieder deutlich –, dann müssen Erkenntnisse der modernen Zellbiologie in stärkerem Maße, als es bislang üblich war, einbezogen werden. In diesem Bereich hat die Wissenschaft in den letzten Jahren viele neue Ergebnisse erzielt. Im Übrigen werden die Naturwissenschaften immer stärker von der Biophysik und der Molekularphysik beeinflusst. Das führt zu teilweise deutlich anderen Schlussfolgerungen, was die Lösung der angesprochenen Weltprobleme betrifft. Deswegen wurde das Kapitel über die neueren Ansichten zum Leben der Zelle aufgenommen.

Seit René Descartes arbeitet die Wissenschaft mit dem Bild von Mensch, Tier und Pflanze als „lebendigen Maschinen“. So gesehen muss man nur ein paar Teile austauschen oder restaurieren und die Maschine läuft weiter. Neuere Betrachtungsweisen führen jedoch zu einem anderen Bild, das deutlich erkennen lässt, wie die Natur als Netzwerk von gegenseitigen Abhängigkeiten und Hilfen funktioniert. Hier haben wir Menschen noch einen langen Erkenntnisweg vor uns.

Mit einem Beitrag zu neueren Erkenntnissen über Mikroben und deren Nutzung in unserem technischen Zeitalter kommen wir der Bitte vieler Leser nach, diese Lücke im bisherigen *Kreislauf des Lebens* zu füllen. Dr. Vera Sieg hat uns die Zusammenfassung ihres Vortrags, den sie am 24.8.2008 zum Thema „Mikroorganismen in Umwelt, Industrie und Wissenschaft“ gehalten hat, zum Abdruck überlassen. Knapp, präzise, übersichtlich! Danke, Frau Dr. Sieg.

Ernst Hammes
und Gisela van den Höövel

Vorwort zur erweiterten Neuauflage 2015

Die Frage, ob wir schon alles über unsere Naturerscheinungen auf der Welt wissen, scheint gelöst, wenn man den Mainstream-Wissenschaftlern glaubt. Sie treten heute auf, als hätten wir fast keine Fragen mehr. Wir „kämpfen" zwar noch gegen ein paar Krankheiten, werden aber bestimmt chemische Lösungen finden. Auch für das Welternährungsproblem haben wir eine Lösung: Agrartechnik, -chemie und Gentechnik!

Vor einigen Monaten saß ich bei einem Pflanzenbauprofessor, wollte mit ihm über Nährstoffverlagerung im Boden und Pflanzenwachstum sprechen und hatte einen nicht unerheblichen Forschungsetat in der Tasche. Doch er wies meine Fragestellung entrüstet zurück, weil alle Fragen der Pflanzenernährung doch geklärt seien.

Wissenschaft ist heute darauf angewiesen, am Markt verwertbare Ergebnisse zu verkünden. Wissenschaft im eigentlichen Sinne, schon die alten Griechen dachten so, ist es, permanent, das was man glaubt zu wissen, immer wieder in Frage zu stellen. Jede Erkenntnis, genannt „These", sollte permanent mit einer „Gegenthese" geprüft werden. Da hat der Markt keine Mittel zur Verfügung. Der Markt will nur solche Dinge haben, die er möglichst schnell zu Geld machen kann.

Dabei sind wir Bestandteile des Systems „Erde". Gefangen in diesem System können wir es nicht wirklich durchschauen. Erst im Abstand gewinnt man den Überblick. Dann sind wir aber außerhalb des Systems, ein Zustand, den wir Tod nennen. Weil wir aber mitten im System stehen, werden wir uns der Wahrheit immer nur ein wenig nähern, sie aber nie wirklich erreichen. Wir beantworten Fragestellungen mit Erkenntnissen, die uns im Moment weiterhelfen, bis wir eine neue Frage haben oder eine Lösung finden, die etwas bessere Erfolge bringt.

Die Welt zeigt uns mit ihren „Umweltproblemen“, dass wir eventuell die Welt nicht achten oder sie nicht wirklich verstanden haben. Also gehen wir auf die Suche und finden schnell Einflussfaktoren, die wir offensichtlich in der Vergangenheit nicht ausreichend berücksichtigt haben. Beispiel: Antibiotika, Desinfektion. Das Resultat der bisherigen Denk- und Handlungsweise sind MRSA und andere mikrobielle Entgleisungen wie immer radikalere Pflanzenkrankheitserreger, die uns viel Geld und einigen das Leben kosten. Wäre es da nicht naheliegend, nach Alternativen zu suchen? Kämen Alternativen auf den Markt, würden viele Großverdiener zu Verlierern.

Versuchen wir also, uns in unser System „Welt“ hineinzudenken. Warum funktionierte sie, solange der Mensch nicht oder kaum eingriff? Die Lösung: Mikroben sind für den Kreislauf der Stoffe verantwortlich! Lernen wir also die Mikroben ein wenig kennen, beobachten wir, wie sie agieren und schon sehen wir die Logik im Plan der Natur. Auf denn: Nutzen wir diese Erkenntnisse und benutzen wir dieses Wissen für eine „Revolution zur Rettung der Erde“.

Ihr
Ernst Hammes

➤ Einleitung

EM-Technologie ist in Deutschland seit 1998 bekannt. Sie gründet sich auf die Arbeit von Prof. Dr. Teruo Higa, Gartenbauprofessor in Japan. Er fand 1982 eine Kombination von Mikroben, die alle gemeinsam im milchsauren Milieu leben. Sie stammen aus der traditionellen Lebensmittelherstellung.

*Higa nennt diese Kombination **Effektive Mikroorganismen** mit der Abkürzung **EM1**. EM1 ist eine süß-sauer riechende und schmeckende braune, wässrige Lösung. Geruch und Geschmack werden durch die milchsauer fermentierte Zuckerrohrmelasse geprägt. Die Melasse dient bei der Herstellung des Präparates als Futter zur Vermehrung der genau definierten Mikrobenstämme.*

Die hinter EM1 stehende Theorie gründet auf der Erkenntnis, dass es nur relativ wenige wirklich pathogene und auch nur wenige aus sich heraus positive Mikrobenstämme gibt, die große Mehrzahl sich dagegen nur opportunistisch verhält.

Diese opportunistischen Mikroben folgen immer der Gruppe, die das Milieu dominiert, seien es positive oder pathogene Stämme. Deswegen kann man mit nur kleinen Mengen positiver Mikroben große Mikrobenbiotope beeinflussen. Die grundsätzliche Wirksamkeit dieser Strategie mit EM1 wird in wissenschaftlichen Untersuchungen der Veterinärmedizinischen Fakultät der Universität Leipzig und eines nach DIN-ISO zertifizierten Lebensmittellabors, das zu einer großen deutschen Tierarztpraxis gehört, bestätigt.

In der Praxis werden inzwischen in sehr vielen Vieh haltenden Betrieben mikrobielle Problemstellungen mit EM1 erfolgreich bearbeitet. Auch in der Hygiene werden regelmäßig die erwarteten Erfolge erreicht.

Weltweit ist EM1 in über 130 Ländern der Erde vertreten. Zahlreiche Untersuchungen über den Nutzen von EM1 in der Landwirtschaft, in der Hygiene und im Umweltmanagement liegen vor. Die englischsprachigen Zusammenfassungen von mehreren Wissenschaftstagungen können über EMRO (EM Research Organisation) bezogen werden.

Ein ausgewogenes Gleichgewicht von Mikroben bildet die Grundlage für das Leben auf der Erde – in der Luft, im Wasser, vor allem aber im Boden, der ja die Grundlage allen höheren Lebens auf dieser Welt ist. Die Mikrobenbiotope steuern alle Lebensprozesse. Und was der Boden für die Pflanzenwelt ist, das ist der Darm für Menschen und Tiere.

Effektive Mikroorganismen (EM1) helfen, das natürliche mikrobielle Gleichgewicht in diesen Mikrobenmilieus wiederherzustellen. Dadurch können die natürlichen Regelkreise gestärkt und sogar regeneriert werden.

Leben ist nur dann wirkliches Leben, wenn es funktioniert. Wenn Leben nicht mehr funktioniert, sprechen wir von Tod.

Leben ist auf lange Zeiträume ausgelegt. Damit es funktionieren kann, braucht alles Lebende Energie, die es individuell aus verschiedenen Nahrungsquellen schöpft (Sonnenlicht, Luft, Wasser, pflanzliche oder tierische Organismen u. a.). Diese Energie nutzt der Organismus sodann, um Stoffe in einen solchen Zustand zu bringen, den seine typische, artgemäße Struktur jeweils braucht. Zusätzlich dient die Energie dazu, die Lebensfunktionen aufrechtzuerhalten. Ist die Energie der Nahrung verbraucht, werden die stofflichen Reste ausgeschieden. Kann dieser Prozess nicht mehr stattfinden, etwa durch Überalterung, dann verliert der Organismus seine Struktur und stirbt.

➤ Fortpflanzung und Anpassungsfähigkeit

Bevor ein Individuum stirbt, sollte es sich im Sinne der Kontinuität des Lebens fortgepflanzt haben. Auf dem Wege der Fortpflanzung erhält sich das Leben vieler verschiedener Arten über Jahrtausende und Jahrmillionen. Um den Arten ein solch langes Leben zu ermöglichen, muss Leben anpassungsfähig sein. Die äußeren Bedingungen auf der Erde wandeln sich ständig. Um langfristig eine Art zu erhalten, müssen Anpassungsmöglichkeiten gegeben sein.

Organismen mit einer schnellen Generationenfolge – zum Beispiel Mikroben, die sich alle 20 Minuten vermehren – können sich sehr schnell anpassen. Menschen mit einer Generationenfolge von ca. 30 Jahren haben naturgemäß größere Schwierigkeiten, sich kurzfristig an veränderte Bedingungen anzupassen.

➤ Alles, was ist, kommt aus dem Boden

„Am Anfang war die Erde wüst und leer", beschreibt die Bibel den Urzustand der Welt. Aus der Wissenschaft wissen wir, dass in diesem Zustand der Planet Erde heiß und giftig war. Ein Leben nach menschlichen Bedingungen war nicht möglich.

Die ersten Lebewesen auf dieser Erde waren die Urmikroben. Sie konnten unter den gegebenen Umständen Energie für ihr Leben aus der Umwelt schöpfen. Ihre Ausscheidungen beeinflussten und veränderten die Atmosphäre so, dass sich weitere Lebensformen entwickeln konnten. Auch waren sie in der Lage, ihre eigenen Artgenossen nach deren Tod wieder zu verstoffwechseln und immer mehr organische Masse zu bilden.

So baute sich über einen langen Zeitraum eine Bodenkrume auf, auf der sich dann pflanzliches Leben entwickeln konnte, das schließlich das tierische Leben möglich machte.

Der Boden mit seiner hohen Vielfalt an Mikroben ist das Verdauungssystem, das alle Abfälle, alles Gestorbene, die und das auf der Erde entstehen, wieder aufarbeitet. Mikroben wandeln das Absterbende so um, dass es wieder pflanzenverfügbar wird. So entstehen durch den Boden aus absterbender Substanz wieder neue Pflanzen (neues Leben) und die wiederum sind die Grundlage für neues tierisches und menschliches Leben.

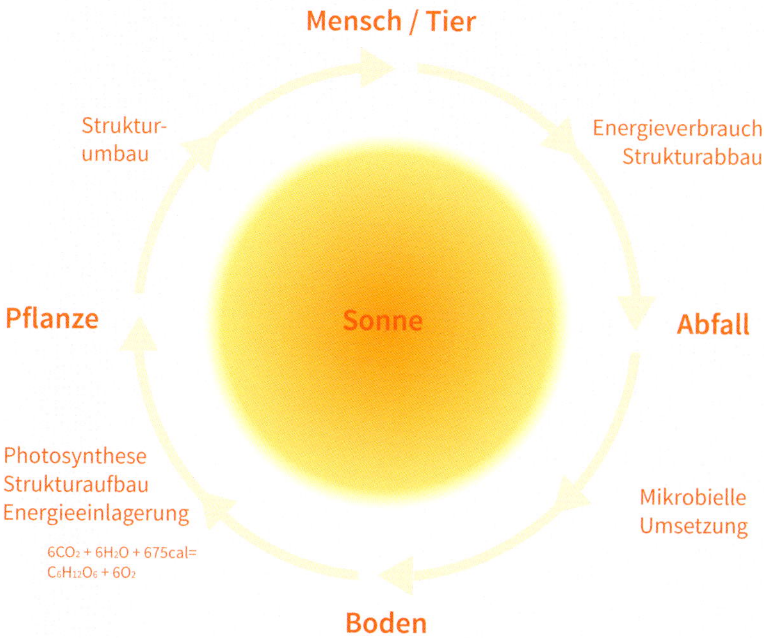

Der Boden ist die Grundlage allen Lebens. Er dient den Pflanzen nicht nur als Standort, sondern gleichsam auch als Darm. Aus dem Boden nehmen die Pflanzen die Nährstoffe auf. Bei der Photosynthese sammelt die Pflanze Sonnenenergie und formt mit Hilfe dieser Energie die Strukturen des Lebens. Auf diesen Grundstrukturen bauen alle anderen Lebensformen auf. Am Ende des Lebens kommt alles ehemals Lebendige zurück in den Boden.

Lässt man die organischen Abfälle faulen, verlieren sie noch weiter an Energie. Das Bodenleben bekommt somit eine energiearme, wenig förderliche Nahrung. Sorgt man aber dafür, dass die organischen Reste nicht faulen, sondern fermentieren, dann gewinnen die Abfälle zusätzliche Energie und sind ein optimales Futter für das Leben im Boden.

Auch wir Menschen erfahren bei jeder Beerdigung, dass unsere Körper ein Teil der Erde sind. „*Aus Staub bist du, zu Staub kehrst du zurück*", erläutert üblicherweise der Pfarrer. Leider wird an dieser Stelle nicht deutlich, dass der eigentliche Wesenskern des Menschen, des Ich, eine geistige Dimension haben könnte, die den Stoff organisiert. Verlässt diese ordnende Kraft den stofflichen Körper, entsteht die Unordnung – besagt die Lehre.

➤ Der Mensch ist einzigartig

Der Mensch gilt als Krone der Schöpfung und als einzigartig. Einzigartig heißt, dass er von einer einzigen Art ist. Nur deswegen ist es für Menschen möglich, sich mit allen Rassen von Menschen auf dieser Erde erfolgreich fortzupflanzen. Die Nachkommen sind auch fortpflanzungsfähig.

Aus dieser Einzigartigkeit entsteht aber auch ein Problem: Eine einzige Art ist bei Veränderungen auf dieser Welt sehr in ihrem Bestand gefährdet, wenn sie nicht sehr anpassungsfähig ist. Alle anderen Wesen auf dieser Welt kommen in mehreren Arten vor, damit sie die Besiedlung der Erde auch bei größeren Veränderungen sicherstellen können. Würden die Menschen dies bedenken, würden sie sorgfältiger mit dem Planeten und seiner Regenerationsfähigkeit umgehen.

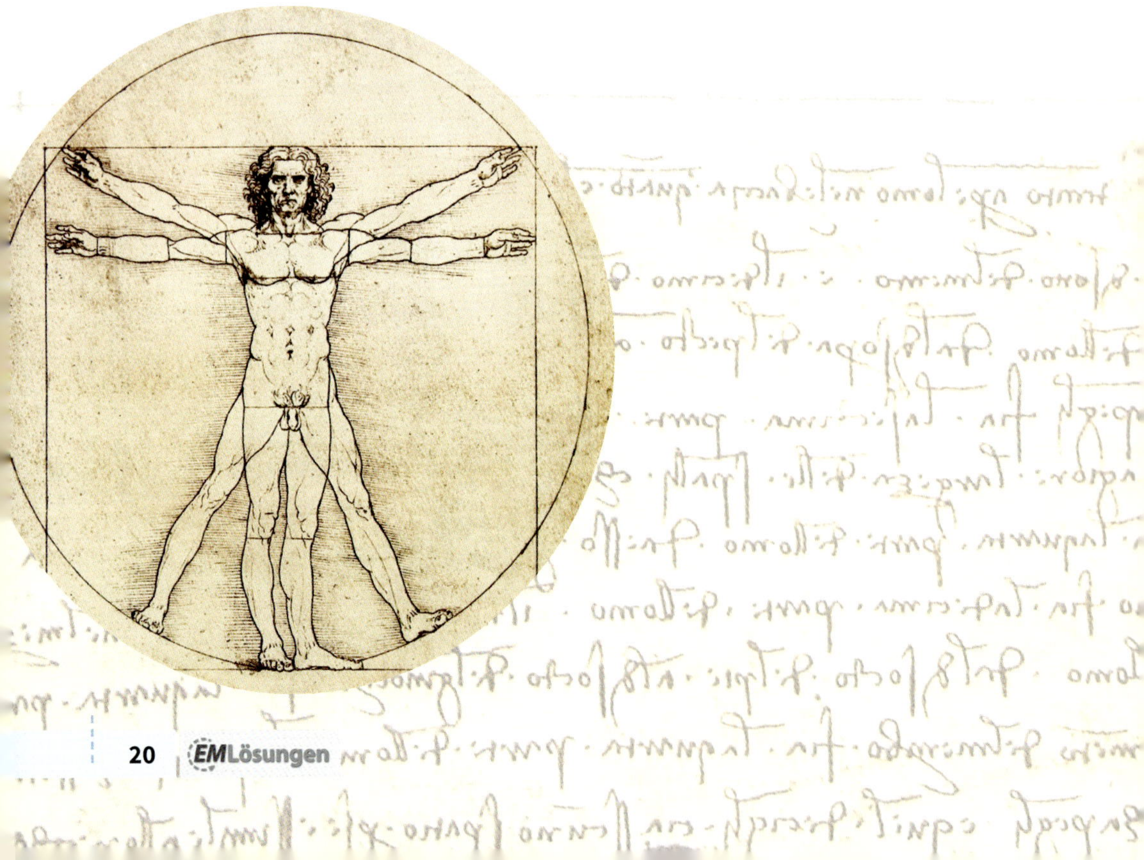

➤ Verschiedene Irrtümer der Wissenschaft

Der als Begründer der Agrarchemie bekannte Justus von Liebig hat über zwei Drittel seines Forscherlebens als Humusforscher gearbeitet und gilt unter Bodenforschern als einer der wichtigsten. In der Öffentlichkeit, an den landwirtschaftlichen Fakultäten und Fachschulen wird aber überwiegend nur darüber gesprochen, dass er die Grundlagen für die Düngung mit wasserlöslichen Düngern gelegt hat.

Biologen haben schon vor vielen Jahren nachgewiesen, dass Pflanzen auch größere Eiweißmoleküle aus dem Boden aufnehmen, wenn sie diese benötigen. Im Moment beschäftigt sich beispielsweise das Institut für Pflanzenernährung in Bonn damit, welche Auslöser bestimmen, dass sich eine Pflanze ein Antibiotikum aus dem Boden nimmt.

In den agrarwissenschaftlichen Fakultäten und Fachschulen wird aber immer noch einseitig gelehrt, dass sich Pflanzen aus in Wasser gelösten Salzen ernähren. Das *Institut für Gartenbau Großbeeren/Erfurt* hat inzwischen nachgewiesen, dass die Bodenmikroben in die Pflanzen einwandern und eine wichtige Funktion in der Pflanzenernährung haben.

Ein weiteres Beispiel: Viele Mikrobiologen vermuten, dass eine stabile Resistenz einer Pflanze nur dann möglich sei, wenn alle Oberflächen von guten Mikroben besetzt sind. Diesen Zustand könnte man als „sauber“ beschreiben. Die meisten Menschen glauben allerdings immer noch, Sauberkeit sei die absolute Abwesenheit von Mikroben. Tatsächlich jedoch ist Sauberkeit das Vorhandensein eines ausgeglichenen Mikrobengleichgewichts.

Das Liebig'sche Gesetz des Minimums besagt, dass ein Organismus sich nur so weit entwickeln kann, wie es die knappste Ressource erlaubt. Genau so, wie sich ein Fass nur bis zur Höhe der niedrigsten Daube füllen kann.

Wie solche Meinungen entstanden sind und warum sie so hartnäckig bei den Menschen verankert sind, soll im Folgenden erläutert werden.

Justus von Liebig wies als junger Forscher nach, dass Pflanzen schneller wachsen, wenn man den Nährstoff, der am wenigsten vorhanden ist, in wasserlöslicher Form düngt. Er entwickelte daraus das „Gesetz des Minimums", nach dem der am wenigsten vorhandene Nährstoff das Wachstum begrenze. Wer mit wasserlöslichen Nährstoffen düngt (sog. künstliche Düngung), macht tatsächlich die Erfahrung, dass Pflanzen größer und grüner werden und mehr Ertrag bringen.

In der Folge des Wachstums kann man aber beobachten, dass die Pflanzen anfälliger gegen sog. Schädlinge werden.

Ein Anwender kann zwar in kurzer Zeit die augenfällige „Wahrheit" des Liebig'schen Minimumgesetzes erkennen, ob er aber die Folgen (Schädlingsbefall) der vorherigen Handlung zuordnet, bleibt offen.

Justus von Liebig verbrachte aber nur die ersten Jahre seines Forscherlebens mit der mineralischen Düngungsforschung. Als älterer Wissenschaftler wandte er sich dem Humus zu, weil er erkannte, dass nur humose Böden gute und sichere Ernten bringen. Seine Erkenntnisse gehen dahin, dass es hohe Humusgehalte sind, die den Pflanzenstress (durch Wassermangel, Hitze oder zu große Nässe) so weit ausgleichen, dass auch bei schlechten Witterungsvoraussetzungen gesunde Pflanzen heranwachsen können. Praktische Landwirte wissen das. Die Ackerbauern unter ihnen pachten lieber Flächen von Vieh haltenden Betrieben, weil deren Böden meist höhere Humusgehalte haben.

Der Humanmediziner Dr. Hans Peter Rusch kam in den 50er-Jahren des 20. Jahrhunderts über die Erforschung von Verdauungsproblemen beim Menschen zur Humusforschung. Er erkannte den Zusammenhang, dass jede gesunde Umsetzung organischer Substanzen in allen Verdauungssystemen von den gleichen Mikroben bestimmt wird.

Aus Mikroben, die er in Kot und in guten Komposten fand, entwickelte Rusch das Mittel *Symbioflor*, das bei Menschen zur Wiederherstellung der Magen-Darm-Flora eingesetzt wird, wenn diese z. B. durch Antibiotika zerstört wurde.

Wenn ein Landwirt oder Gärtner nach den Erkenntnissen von Dr. Rusch oder des älteren Liebig handelt, muss er eine gewisse Zeit warten, bis die Pflanzen schneller und besser wachsen. Die daraus resultierenden Erfolge treten erst mit Verzögerung ein, sind dann aber noch einige Jahre nachhaltig zu erkennen. Das könnte der Grund dafür sein, warum sich neue Erkenntnisse nur schwer durchsetzen.

Außerdem wird in der Fachwelt leider sehr wenig über Humus diskutiert. Gleichzeitig neigen die Fachwelt und die Praxis zur Polarisierung. Bis Bio-Bauern und konventionelle Bauern ihre Erkenntnisse und Methoden gegenseitig achteten, hat es viele Jahre gedauert. Diese gegenseitige Achtung ist auch heute noch entwicklungsbedürftig.

Warum Kunstdünger gleichzeitig Erfolg und Misserfolg beinhaltet

Eine Pflanze braucht viel Wasser, um ihre Zellen zu füllen, sonst wird sie schlaff. Wind und Sonne zwingen sie permanent, Wasser zu verdunsten. So entzieht sie dem Boden bei Wärme und Wind viel, bei niedrigen Temperaturen und geringem Wind weniger Wasser. Die Pflanze regelt ihre Körpertemperatur u. a. auch über Schwitzen, wenn es zu heiß wird.

Die Pflanze hat Durst. Ist das von der Pflanze aufgenommene Wasser permanent mit Nährsalzen versehen, muss sie die Salze in ihren Zellen einlagern, weil sich sonst an den Austrittsstellen des Wasserdampfes (die Pflanze schwitzt über die Spaltöffnungen an der Unterseite der Blätter) Salzkristalle bildeten, die die benachbarten Zellen schädigen würden.

Stiege die Salzkonzentration in den Zellen zu weit an, würde das Salz die Funktionsfähigkeit der Zellen unterbrechen und die Zellen würden sterben. Die Pflanze lagert daher zusätzlich Wasser ein und erhält so die für ihr Überleben notwendige Funktionsfähigkeit der Zellen.

Mineralisch Düngen bedeutet zwar, dass die Pflanzen größer, die Struktur der Zellwände aber dünner und schwächer wird.

Jede einzelne Zelle wird recht dick und der Landwirt oder der Gärtner erntet viel Wasser und Salze, aber wenig Zellwände und ursprünglich von der Natur geplante Zellinhalte.

Er hat ökonomisch gesehen einen hohen Ertrag, den er am Markt verkaufen kann. Der Markt verlangt Gewicht, Masse. Klasse wird in den seltensten

Der Handel verlangt genormte Produkte, weil er sich mit Normen erspart, einzelne Partien auf Qualität zu prüfen. Da die meisten Konsumenten überwiegend nach dem Auge, der Schönheit kaufen, hat der Handel genau diese Beurteilung übernommen.

Fällen vom Handel honoriert und hat eigentlich nur in der Direktvermarktung eine ökonomische Relevanz.

Dass die Zellwände nicht so richtig dick und fest sind, merkt der Anbauer eventuell erst, wenn die Pflanzen Schädlingen nicht ausreichend Widerstand leisten können.

Für den Fall eines Schädlingsbefalls bietet die der Landwirtschaft vorgelagerte Industrie Medikamente an, sog. Pflanzenschutz- oder Pflanzenbehandlungsmittel. Damit kann man einige Probleme unter den heutigen Bedingungen ökonomisch beeinflussen, ohne sich über die Grundlagen der Probleme Gedanken machen zu müssen.

Einen ähnlichen Effekt beobachten wir bei Menschen, die gegen Durst stark nährstoffhaltige, im Regelfall zuckerhaltige Getränke konsumieren. Die Körper der Menschen deponieren den Zucker meist in der Form von Fett. Das Durstgefühl signalisiert einen Bedarf an Wasser, nicht einen Bedarf an Nährstoffen. Dafür ist das Hungergefühl zuständig. Daraus entstehendes Übergewicht scheint mit ursächlich für viele Krankheiten zu sein.

➤ Chancen durch Nahrungsüberschuss

Die Landwirtschaft konnte durch die Erkenntnisse des jungen Liebig gerade bei den Cash Crops, den Früchten, die weltweit gehandelt werden (Getreide, Ölsaaten) immer höhere Erträge erzielen. Eigentlich sind erstmalig genügend Lebensmittel für alle Menschen vorhanden. Die Reichen kaufen aber den Armen die Futtermittel oder den Agrarsprit vom Teller weg. Es ist genügend da, aber nicht für alle bezahlbar.

Heute sind die Erzeugerpreise für Nahrungsmittel auf einem Tiefpunkt. Weltweit haben Bauern ökonomische Probleme, weil die Preise für Nahrungsmittel eigentlich zu niedrig sind. Der Markt signalisiert so, dass es zu viele Nahrungsmittel gibt.

Die FAO (*Food and Agricultural Organisation*: Nahrungs- und Landwirtschaftsorganisation der Vereinten Nationen) bestätigt diese Tatsache, weist aber gleichzeitig auf den Verlust an landwirtschaftlich nutzbaren Flächen durch Umweltschädigungen hin. Die aktuellen Hungersnöte seien hauptsächlich eine Folge von Kriegen um wirtschaftliche Ressourcen oder eine Folge von gesellschaftlichen Ungleichgewichten.

Ein gesättigter Bauch bietet dem Menschen aber die Möglichkeit, sich kulturell weiterzuentwickeln. Somit haben wir Menschen mit ausreichendem Einkommen heute erstmals in der Geschichte der Menschheit die Chance, in Ruhe und ohne äußere Not über die Grundlagen der Nahrungsmittelproduktion nachzudenken. Das haben schon viele Menschen getan, so z. B. Albrecht Thaer (Begründer der Landwirtschaftswissenschaft 1752 – 1828), Justus von Liebig oder Dr. Rusch. Zu deren Lebzeiten herrschte aber noch weltweiter Mangel an Nahrung, weswegen die Methoden, die sofortige Maximalerträge

Albrecht Thaer

Was wir beim Essen anrichten, wenn wir nicht mitdenken

Alle unsere Lebensmittel kommen von Lebewesen. Eine Zuckerrübe, eine Weizenpflanze, ein Apfelbaum oder eine Kuh sind zuerst einmal Lebewesen auf der Erde, die ein bestimmtes Biotop für sich als Nische erkoren haben. Wir Menschen, auch die meisten Tiere, könnten nicht direkt aus dem Boden leben. Dieses Biotop nutzen die Pflanzen. Auch könnten wir nicht von Gräsern oder jungen Bäumen im Wald profitieren. Den Part übernehmen die Rehe, Hasen, Kühe und Ziegen. Das Wasser haben sich die Fische und Krebse als Lebensraum erkoren. Der größte Teil der Erdoberfläche ist Wasser, an Land überwiegen Wald und Grasland. Allesfresser können alle Biotope dieser Erde nutzen. Reine Pflanzenfresser haben wesentlich weniger zur Auswahl.

Damit prägen die Biotope einer Region die Lebensmittel, die dort gemäß den natürlichen Voraussetzungen gegessen werden sollen. Erst unsere moderne Verkehrswirtschaft verändert das. Wir nutzen diese technische Errungenschaft häufig sehr eigennützig. So zerstören zum Beispiel die Exporte von Geflügelfleischresten nach Afrika die dortigen Märkte für die einheimischen Geflügelerzeuger. Diese würden dort hygienisch völlig unbedenklich lebende Hühner für etwa 3 € je kg verkaufen. Stattdessen kommen tief gefrorene Fleischreste für etwa 1,50 € je kg in einer Region auf den Markt, in der die Kühlkette nicht eingehalten werden kann. Das Resultat: Die regionale Wertschöpfung wird geschwächt, weil sie ihr regionales Biotop nicht mehr voll nutzen können. Zusätzlich werden die Menschen mit einem für sie kaum beherrschbaren hygienischen Risiko konfrontiert. (Thurn, Valentin, und Kreuzberger, Stefan: Harte Kost, Wie unser Essen produziert wird – Auf der Suche nach Lösungen für die Ernährung der Welt, *Ludwig Buchverlag, 2014; Bommert, Wilfried:* Bodenrausch – Die globale Jagd nach den Äckern der Welt, *Eichborn, 2011)*

versprachen, gerne angenommen wurden. Ökologisch sinnvolle Nachhaltigkeit wurde damals nur wenig beachtet. Das ist nun die Aufgabe, der wir Satten uns heute stellen können.

➤ Ein kleiner Exkurs über Humus

Folgt man den Gedanken der zuletzt genannten Wissenschaftler, so ernähren sich die Pflanzen durch den Humus, der sich über Jahrmillionen auf der Erde aufgebaut hat, als noch überall Wald war.

Humus ist ein Bestandteil des Bodens von dunkelbrauner Färbung, der durch mikrobiologische und biochemische Zersetzung abgestorbener tierischer und pflanzlicher Substanz in einem ständigen Prozess entsteht (lat. *humus*: Erde, Erdboden).

Im sauren Milieu des Waldbodens hat die Erde große Mengen an pflanzlichen Strukturen (Sonnenenergie) eingelagert. Wald ist das natürliche System, das laufend Energie sammelt und akkumuliert. Die Energie uralter Wälder nutzen wir noch heute – z. B. in Form von Kohle und Erdöl.

Die Grasländer, Prärien, Savannen und natürliches Grünland sind die Biotope, die auch keinen Humusabbau, sondern -aufbau betreiben. Wald und Grasland sind die natürlich vorkommenden Landschaften auf einer Erde ohne Ackerbauern oder Gärtner.

Die Natur baut Humus auf, aus dessen CO_2-Einlagerung wir heute Landwirtschaft und Gartenbau betreiben können.

Bei ausreichendem Vorhandensein von organischer Substanz entwickelt sich das Bodenleben bestens. Es verbaut beispielsweise Ton mit der organischen Substanz, verklebt die mineralischen und organischen Bodenbestandteile mit Eiweißen und Zuckern, löst Mineralien aus dem Urgestein und unterliegt einer ständigen Wandlung.

Diese Vorgänge lassen sich jedoch aufgrund ihrer Komplexität im Gegensatz zur Kunstdüngung statistisch nur schwer erfassen. Aus Beobachtung und praktischer Erfahrung wissen wir jedoch, dass Böden mit viel Humus gute Erträge bringen.

Dass Humus eine hohe Bedeutung für die Menschen hat, mag man auch daraus ersehen, dass eines der Kriegsziele Hitlers die Eroberung der ukrainischen Schwarzerde-Böden war. Dort erntete man ohne Einsatz von Agrarchemie zwischen 4 und 6 t (1 Tonne = 1000 kg) Getreide je Hektar (ein Hektar = 100 × 100 Meter). Damals war in den dortigen Böden noch 14 % Humus enthalten.

Humus ist eine langsam fließende Nährstoffquelle für die Mikroorganismen im Boden und für Pflanzen. Er schafft Gefüge im Boden, sodass Luft, Nährstoffe und Wasser in ein gutes Verhältnis kommen können. Gut mit Humus versorgte Böden vermindern Stress für die Pflanze sowohl bei zu viel wie bei zu wenig Niederschlag, bei zu viel und zu wenig Nährstoffangebot. Wenig Humus fördert die Erosion. Humus im Boden spart auch Sprit für den Traktor, weil Bodenbearbeitungsgeräte sich einfacher durch die Erde ziehen lassen. Im Humus sind etwa 1600 GT Kohlenstoff gebunden, etwa 3-mal so viel wie in der gesamten Vegetation (600 GT) oder 2-mal so viel wie in der Luft (760 GT). Betreibt man Humusauf- oder -abbau, beeinflusst das den CO_2-Gehalt der Erdatmosphäre enorm. Wir empfehlen Ihnen, sich den Film: Humus – die vergessene Klimachance (www.humus-derfilm.at) *anzusehen.*

Quelle: http://www.lfl.bayern.de/iab/boden/031060/

Heute erntet man dort ohne Chemie geringere Mengen, weil auch dort durch die Bearbeitung der Humusgehalt sinkt.

Die Landwirtschaft und der Gartenbau arbeiten im Regelfall Humus zehrend (Humus verbrauchend), und zwar sowohl die konventionellen als auch die ökologischen Landwirte.

Betrieben mit Viehhaltung gelingt es im Normalfall eher, die organische Substanz im Boden zu erhalten, weil Ernterückstände, Mist und Gülle sowie Zwischenfrüchte immer wieder dem Boden zugeführt werden.

Reine Ackerbaubetriebe und Gemüseerzeuger verfügen im Regelfall über zu wenig organische Substanz zur Erhaltung der Bodenfruchtbarkeit.

Im alten »Klapp«, dem Lehrbuch für Diplomlandwirte, steht so schön: »Das Grünland ist die Mutter des Ackerlandes«, weil der Mist der Tiere, insbesondere des Rindviehs, das sich vom Grünland ernährt, üblicherweise auf dem Ackerland ausgebracht wird und dort die Grundlage für Fruchtbarkeit bildet.

Aus der Praxis der Landwirtschaft wissen wir, dass Landwirte, die nur Ackerbau betreiben, sehr gerne Flächen von Landwirten mit Tierhaltung pachten; denn bei ihnen werden die Flächen über Mist und Gülle besser mit organischer Substanz versorgt. Die Ackerbauern wissen, dass auf solchen Flächen mit weniger Kunstdünger und Pflanzenbehandlungsmitteln gleiche oder bessere Erträge erzielt werden können.

➤ Warum Pflanzen wirklich wachsen

Pflanzen ernähren sich über den Humusprozess. Dies zeigt eindrucksvoll der Film *Life in the Soil* (Leben im Boden), der vor ca. 20 Jahren in Japan von einem agrarwissenschaftlichen Institut produziert wurde. Der Film veranschaulicht, wie das Bodenleben funktioniert.

In einer enormen Artenvielfalt kommen Mikroben im Boden vor, in einer so enormen Vielfalt, dass bisher gerade einmal 0,5 % aller Bakterien bzw. 2 % aller Pilze überhaupt bekannt sind.

Pflanzen ernähren sich in einem chemisch-mikrobiellen Prozess aus dem Humus und aus wasserlöslichen Salzen. In der Ausbildung von Landwirten und Gärtnern wird bis heute gelehrt, dass Pflanzen organische Säuren ausscheiden, mit denen sie die Bodenmineralien lösen (Mineralien sind nicht-organische, also anorganische Substanzen). Das ist auch richtig und wird von den Biologen bestätigt.

Die Berater und Lehrer der Landwirte stehen im Regelfall auf dem Standpunkt, dass nur solche gelösten Mineralien (anorganische Substanzen) für die Pflanze von Nutzen seien. Deswegen müssten alle organischen Bestandteile des Bodens über sog. „Mineralisation“ in wasserlösliche Substanz umgebaut werden.

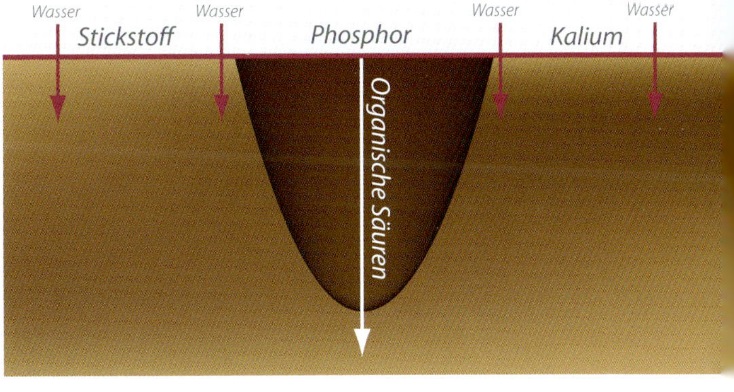

Die Spitze einer Pflanzenwurzel, Nährstoffaufnahme und -abgabe nach der klassischen Pflanzenernährungslehre

Mineralisation hört sich dabei so schön technisch an, dass man leicht die Lust an der Forschung auf der lebendigen Ebene verliert.

Die Erkenntnis, dass Pflanzen auch Hormone (Botenstoffe) und Kohlenhydrate (Zucker, Nahrung) ausscheiden, wird in den Landwirtschaftswissenschaften im Regelfall nicht als wesentlich gelehrt. Geht man jedoch von der Grundlage aus, dass die Natur der beste Betriebswirt der Welt ist und nichts Sinnloses tut, muss man weiter vermuten, dass die Pflanze damit einen Zweck verfolgt.

Das ergibt auch einen Sinn; denn die Pflanze nimmt mit ihren oberirdischen Organen die Veränderungen von Licht, Wärme und Wasserzufuhr sehr direkt wahr. Ihre Wurzeln erfahren diese Reize jedoch naturgemäß erst viel später. Wenn nun die Licht- und Wärmebedingungen für das Wachstum günstig sind, sollten die Wurzeln möglichst viele Nährstoffe aufnehmen, damit die Pflanze diese günstigen Licht- und Wärmebedingungen auch nutzen kann. Deswegen gibt die Pflanze an das sie umgebende Bodenleben die Information weiter (mit Hormonen) und spendiert gleichzeitig einen Futterschub in Form von Kohlenhydraten für die Nährstoff liefernden Mikroben, damit diese sich schnell vermehren und möglichst effizient auf die Bedürfnisse der Pflanze eingehen können.

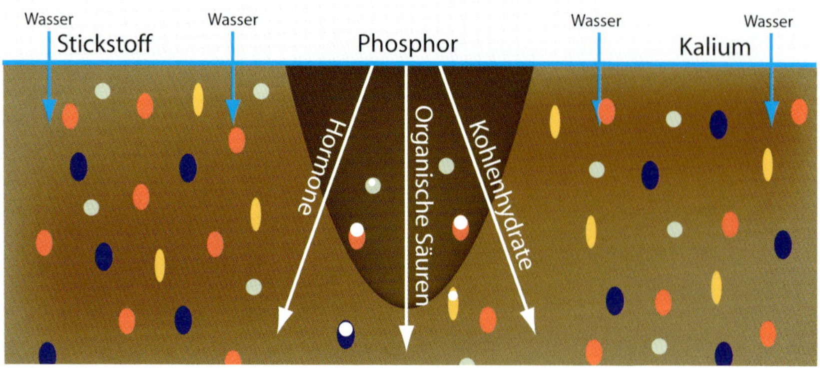

Die Spitze einer Pflanzenwurzel, Nährstoffaufnahme und -abgabe nach neueren Erkenntnissen

Der Boden ist der Darm der Pflanze

Dass dieses wahrscheinlich so ist, wird durch neuere biologische Erkenntnisse gestützt. Biologen weisen immer öfter nach, dass Pflanzen größere Eiweißverbindungen aus dem Boden aufnehmen, ja dass Mikroben in die Pflanzenwurzel einwandern und sich im Saftstrom der Pflanze wiederfinden.

Diese Vorgänge sind mit dem Mikroskop zu beobachten. Somit nimmt die Pflanze keinen isolierten Stickstoff, sondern komplexe, lebendige Eiweißstrukturen in einer vielfältigen Mischung auf.

Aus der Forschung über die Verdauung bei Mensch und Tier wissen wir heute, dass die Verdauung auch nicht alle Bestandteile der Nahrung in kleinste, atomare Verbindungen abbaut. Es wäre „betriebswirtschaftlich“ ja auch wenig effizient, bereits vorhandene und später nutzbare Strukturen aufzulösen, nur um sie anschließend wieder neu aufzubauen.

Da die Pflanzen keine eigenen Verdauungssysteme haben, lassen sie den Boden ihre Nahrung vorbereiten. Der Boden erfüllt für Pflanzen somit die Aufgaben des Darms bei Mensch und Tier.

Kalk streuen oder Bodenleben füttern?

In allen gängigen Veröffentlichungen zum Wachstum von Pflanzen wird darauf hingewiesen, dass der Boden einen bestimmten pH-Wert haben müsse, damit die Acker- oder auch Gartenpflanzen gedeihen können. Als man daraufhin begann, sich über den „sauren Regen" zu erzürnen, kamen aus der öffentlichen Diskussion viele Argumente auf die Landwirtschaft zu, man müsse unbedingt Kalk streuen.

Kalk ist alkalisch, das Gegenteil von chemisch-sauer. Der bis dahin in der Landwirtschaft geltende Satz, dass Kalk „reiche Väter und arme Söhne" mache, also nur kurzfristig den Ertrag steigere, musste daher gleichsam aus dem Wissensschatz von Landwirten gelöscht werden.

Hinter dieser Bauernweisheit steht die Erfahrung, dass bei plötzlicher Verschiebung des pH-Wertes durch Kalkgaben die zuvor gebundenen Nährstoffe explosionsartig freigesetzt werden. Dadurch steigen die Ernteerträge an und bleiben über einige Jahre hoch.

Streut man jedoch über viele Jahre Kalk, gehen nach einigen Jahren die Erträge zurück – oder aber die Düngung mit schnell löslichen Düngern muss wesentlich erhöht werden, um die Erträge zu halten.

Das bedeutet: Durch das Kalken (= alkalisch) werden die (sauren) organischen Bestandteile des Bodens schneller abgebaut. Dadurch erfolgt ein explosionsartiges Wachstum, das aber nur einige Jahre anhalten kann, weil dann die organischen Vorräte verbraucht sind.

Es zeigt sich in der Praxis, dass die meisten Kulturböden leiden und an Struktur verlieren. Erosionen sind die Folge.

➤ Die Nützlichkeit des Regenwurms

Um den pH-Wert zu regulieren, benutzt die Natur den Regenwurm. Viele Regenwürmer gibt es aber nur, wenn es auf dem Standort genug „Regenwurmfutter“ gibt.

Regenwurmfutter ist absterbendes organisches Material. Dieses zieht der Wurm in seine Röhre und speichelt es ein. Dann frisst er es und scheidet anschließend seine Regenwurmhaufen aus. Diese sind voll von Nährstoffen und enthalten die jeweils nötige Kalkmenge. Deshalb wird heute teilweise auch schon in speziellen Wurmfarmen besonders fruchtbare „Regenwurmerde“ aus organischen Abfällen produziert.

Der Tauwurm ist wohl die bekannteste Regenwurmart. Diese große und tief grabende Art legt im Boden annähernd senkrechte Wohnröhren an, die je nach Bodenart bis zu einer Tiefe von mehr als zwei Metern reichen.

Ein guter Boden hat etwa 200 Regenwürmer pro Quadratmeter. Diese produzieren etwa 900 m Gänge pro Kubikmeter. Die Wurzeln der Pflanzen folgen bevorzugt diesen Röhren.

Ein guter Boden hat 100 bis 200 Regenwürmer pro Kubikmeter, besonders gut organisch versorgte Böden bis zu 600. Diese regeln dann den pH-Wert. Der Kot der Regenwürmer enthält 5-mal mehr Stickstoff, 7-mal mehr Phosphor, einiges mehr an Calcium und 11-mal mehr Kali als die umgebende Erde. Somit erscheint es sinnvoller, die Regenwürmer mit organischen Abfällen zu füttern, als die Steinbruchbesitzer und Hersteller von Handelsdüngern teuer zu bezahlen.

Interessant ist, dass die gängige Düngerlehre die Ausscheidung der organischen Säuren der Pflanzen für die Versauerung des Bodens verantwortlich macht.

Natürlich scheidet die Pflanze solche Säuren aus. Bekannt ist aber auch, dass der menschliche Darm im Vergleich dazu bei Konsum der richtigen Säuren nicht mit einer Übersäuerung reagiert. Bekommt der Darm Milchsäure von den richtigen Mikroben – über Sauerteig, milchsaure Produkte oder den richtigen Essig –, reagiert der Verdauungsapparat mit positiver Funktion auf das Saure. Führt man dem Verdauungsapparat aber Süßes, Zucker oder Weißmehl zu, reagiert er mit Übersäuerung.

Biophysik – Leben ist Aufbau und Abbau von Struktur

Einer der elementarsten Vorgänge im gesamten Leben ist die Photosynthese, also der Vorgang, mit dem die Pflanze das Sonnenlicht verwertet. Bei der Photosynthese entsteht aus Kohlendioxid und Wasser Traubenzucker. Bei der chemischen Reaktion wird das „Abfallprodukt" Sauerstoff freigesetzt. Faktisch wird aus sehr einfachen chemischen Verbindungen eine komplizierte hergestellt.

Unter dem Mikroskop zeigt der Traubenzucker, das Produkt der Photosynthese, eine wunderschöne Kristallform. Diese räumliche Anordnung von Molekülen und Atomen ist die Grundlage dafür, dass auch die Pflanze weitere erstaunliche Strukturen bildet. Im Äußeren sehen wir Blätter, Blüten und Früchte, die uns und den Tieren zur Nahrung dienen. Mensch und Tier nehmen diese schönen Strukturen auf und bauen daraus wiederum ihre Strukturen.

Nach einigen Stunden verlässt das schön strukturierte Material den Körper als unstrukturiertes braunes Etwas namens Kot.

Das Leben verlangt nicht primär nach Kohlenhydraten, Fetten und Eiweißen, sondern nach Struktur, die bei der Energieeinlagerung geschaffen wurde. Es stellt sich als Energieverbrauch dar, was die Medizin mit ihren Messgeräten erfassen kann. Lachen, Nachdenken, Wandern, Sich-Streiten, Lieben und sonstiger Energieverbrauch ist Leben.

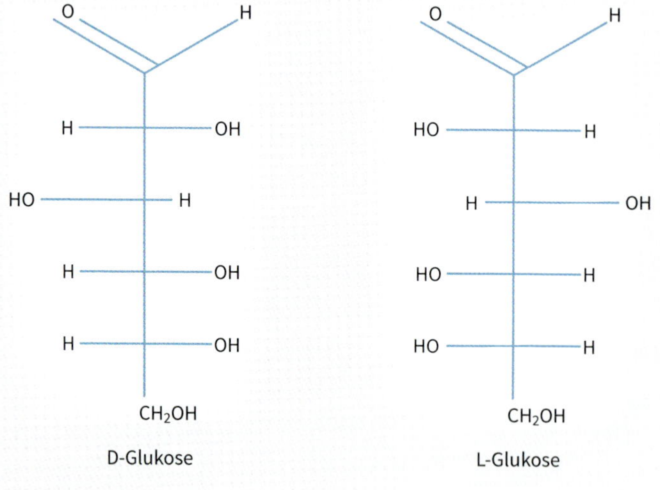

$C_6H_{12}O_6$ ist die chemische Formel für Traubenzucker, der bei der Photosynthese entsteht. Er ist das Kohlenstoffgerüst für Aminosäuren (Eiweiße) und Lipide (Fette).

Leben ist mehr als ein biochemischer Prozess.

Die Stoffe sind nur die Transporteure der Energie und als „Zwischenlager“ nötig. Sie selbst sind nicht die Ursache für die Funktion und den Erhalt des Lebens. Die Stoffe sind nur der Rahmen und natürlich als solcher nötig.

Solche biophysikalischen Betrachtungen sind in der heutigen Wissenschaft jedoch wenig üblich, da wir gewohnt sind, das Leben biochemisch zu betrachten. Es wird immer untersucht, welche Stoffe vorhanden sind, kaum aber ihr Aufbau, ihre räumliche Anordnung, ihre Struktur und der Wandel ihrer Struktur. Bei der chemischen Untersuchung werden die lebendigen Stoffe in Einzelteile zerlegt. Das Leben selbst bleibt außerhalb des Reagenzglases.

Die Biophysik jedoch, eine junge Wissenschaft, untersucht Prozesse, die Wanderung elektrischer Ladungen und den Auf- und Abbau von Strukturen. Aus diesem noch jungen, sich aufbauenden Wissen in der Kombination mit den biochemischen Erkenntnissen erwarten wir weitere differenzierte Erklärungen der Thesen der Humusforscher.

➤ Warum Stickstoffdüngung?

Aus der biochemischen Betrachtung erklärt sich, warum die landwirtschaftliche Lehre und Praxis bisher überwiegend die Erkenntnisse des jungen Liebig nutzt. Eine weitere Erklärung liefert die Geschichte der Chemie: Ursprünglich wurde die Synthese von Stickstoff zur Herstellung von Sprengstoff entwickelt und da kam das „Gesetz des Minimums" dem Markt sehr gelegen.

Der „überflüssige" Stickstoff, den die Kriegsindustrie nicht brauchen konnte, wurde an die Landwirte verkauft. Diese konnten bei Verwendung von mineralischen Stickstoffdüngern kurzfristig, innerhalb weniger Wochen, ganz augenfällig sehen, wie die versprochenen Effekte (üppiges Pflanzenwachstum) eintraten. Darum gewann diese Erkenntnis in sehr kurzer Zeit den Status des einzig Wahren.

Stickstoff wird zum Problem

In einem Sondergutachten „Stickstoff: Lösungsstrategien für ein drängendes Umweltproblem" *beschreibt der Sachverständigenrat für Umweltfragen der Bundesregierung (9.1.2015, Hausdruck), dass die Umsetzung des Stickstoffs im Kreislauf der Natur offensichtlich nicht völlig erforscht ist. Nitrat im Grundwasser und Abgasungen als Klimagas (Lachgas) von Gülle und mineralischem Stickstoff-Dünger zeigen auf, dass wir viel zu viel dieser Nährstoffe einsetzen. Rein rechnerisch würde zur Stickstoffdüngung zu über 90 Prozent allein der Mist und die Gülle der in der Landwirtschaft gehaltenen Tiere ausreichen, alle in Deutschland wachsenden Kulturpflanzen zu versorgen. Weitere wesentliche Stickstoffquellen sind die Mengen, die von den Menschen über Kot und Urin ausgeschieden werden. Stickstofffreisetzung durch Verbrennung von Kohle, Erdöl und Biomasse, durch LKW- und Schiffsverkehr und auch durch PKWs beeinträchtigt alle Ökosysteme. Flüsse, Seen, Meere und die Lebensräume an Land sind in einem so schlechten Zustand, dass immer mehr Arten aussterben und die Stabilität des Systems Erde gefährdet ist. Wir brauchen besser definierte gesetzliche Grenzen für den Einsatz von Stickstoff – so das Resultat der Gutachter.*

Justus von Liebig studierte in Bonn Chemie. Er wurde schon mit 21 Jahren außerordentlicher Professor für Chemie und Pharmazie an der Universität in Gießen und machte schnell eine weitere Karriere als Wissenschaftler. Später begründete er die Bayerische Aktiengesellschaft für chemische und landwirtschaftlich-chemische Fabrikate, nachdem er den Superphosphat-Dünger entwickelt hatte.

Bis sich jedoch Humus entwickelt, dauert es immer viele Jahre. Kein Wunder, dass der kurzfristige „Erfolg" der langfristigen, nachhaltigen Wirkung vorgezogen wurde und wird.

Zusätzlich ist zu beachten, dass die Forschung Geld kostet und sich Forschungsergebnisse schnell als ökonomisch positiv wirksam dargestellt werden müssen. Beim Verkauf von synthetisch hergestellten Düngern wird Geld verdient, das man dann auch wieder für die Forschung und die Publikation der Forschungsergebnisse verwenden kann.

Humusforschung dagegen bringt kaum schnellen Nutzen in Form von Geld, sondern ermöglicht den Landwirten – also vielen kleinen Einzelunternehmern – ein höheres Einkommen und unter Umständen vielen Einzelhaushalten eine kostengünstigere Entsorgung des organischen Mülls.

Wenn Landwirte diesen Zusammenhang – Humus, Kostensenkung, Ertragserhöhung – erkennen, werden sie (hoffentlich) gemeinsam mit den Umweltverbänden auf eine Neuorganisation der Verwendung und Behandlung von Abfällen dringen. Die Geschäftsfelder für die Entsorgungsindustrie würden sich verändern. Viele Landwirte müssten sich zusammentun, um diese Forschung zu forcieren. Natürlich ist das auch ein Betätigungsfeld für gemeinnützige Organisationen, wie EM e. V. oder andere Umweltorganisationen.

Die Kreisläufe des organischen Materials

Ursprünglich waren Landwirtschaft und Gartenbau zur Selbstversorgung der Familien organisiert. Dabei kamen alle organischen Abfälle wieder auf den Acker zurück. Durch die Arbeitsteilung in der Wirtschaft und die Entwicklung von städtischen Siedlungsformen entstanden die städtischen Abfallberge.

Seit vielen Jahren werden organische Reste als Abfall und nicht als Grundlage für die Wiederherstellung von Leben angesehen. Deswegen vergräbt oder verbrennt man die Abfälle. Erst in neuerer Zeit denkt man über „Recycling" nach, weil die Umweltschäden aus der Abfallwirtschaft zu groß werden.

Die Abfallwirtschaft wird von Unternehmen durchgeführt, die so gut wie keine Beziehung zur Landwirtschaft haben. Sie erhalten Geld für die Abnahme der Abfälle und haben Kosten bei der Abgabe oder der Beseitigung. Da die Kosten und die Gewinnbeiträge über staatlich festgesetzte Gebühren von den Bürgern und Unternehmen abgedeckt werden, zeigt die Abfallwirtschaft wenig Interesse, die Abfälle aufzubereiten.

Je mehr es aber bei der Abfallbeseitigung unangenehm riecht, desto mehr wird zur Geruchsbeseitigung in Technik investiert und desto höher werden die Kosten. Diese werden dann wieder durch Gebühren gedeckt.

Wenn es stinkt, ist der Bürger eher bereit, hohe Gebühren zur Beseitigung der Gerüche zu bezahlen. Interessant ist auch die Ausbildung des Managements in der Abfallwirtschaft. Dort findet man überwiegend Kaufleute und Techniker, kaum Landwirte.

Moderne Kompostierung

Die Denkweise der Techniker bei der Behandlung der organischen Abfälle in den Kompostierungsanlagen ist aufschlussreich: Das Material wird mit viel Sauerstoff so behandelt, dass es über längere Zeit auf möglichst 70 °C erhitzt wird.

Dahinter steht – für die Öffentlichkeit – die Denkweise, dass bei diesen Temperaturen die pathogenen Keime abgetötet und für die Verwender Gesundheitsrisiken minimiert werden.

Diese Vorgehensweise ist inzwischen sogar gesetzlich fixiert. Bei den hohen Temperaturen unter Zuführung von Sauerstoff wird das organische Material faktisch verbrannt oder verrostet (oxidiert). Dabei wird viel Kohlendioxid freigesetzt und die Wärme verpufft (ungenutzt) in der Luft. Beides aber trägt zur Erderwärmung bei, wobei die Abwärme noch nicht einmal genutzt wird.

Auch der Desinfizierungseffekt ist sehr begrenzt. Sobald die Temperaturen zurückgehen, entwickeln sich als Erstes die Mikroben, die Fäulnis hervorrufen. Mit dieser Erscheinung haben sowohl die Hersteller zu kämpfen als auch die Anwohner der Flächen, auf die der fertige Kompost ausgebracht wird.

Dass dieser Kompost nicht sehr gut ist, zeigt der Markt. Die Landwirte geben dafür kein Geld aus, sondern erhalten noch Geld dafür, dass sie das Material auf ihren Flächen ausbringen lassen. Die Kompostwirtschaft bezahlt nicht nur das Material, sondern oft auch die Ausbringung. Deswegen muss die Kompostwirtschaft darauf achten, dass möglichst wenig Material zur Entsorgung übrig bleibt.

➤ EM-Kompostierung

Anders verhält es sich bei der Kompostierung mit EM. In der Gemeinde Sand in Taufers (Südtirol) z. B., wo seit 2003 im Kompostwerk mit EM kompostiert wird, stehen die Abnehmer für das Material Schlange. Dort wird mit geringen Temperaturen und weniger Umsetzungsvorgängen gearbeitet. Das Material oxidiert nicht so sehr.

Die Nutzer berichten, dass die Erträge bei Nutzung dieses Kompostes sichtbar steigen. Das Verfahren mit EM wird mit einer Sondererlaubnis der zuständigen Behörde genutzt.

In einer wissenschaftlichen Untersuchung an der Universität Hohenheim wurde nachgewiesen, dass schädliche Keime bei der Anwendung von EM im Kompost schneller verschwinden als bei den heute üblichen Verfahren. Da jedoch die gesetzlichen Grundlagen (hohe Temperatur ist gesetzlich vorgeschrieben) gegen EM-Technologie sprechen, ist es für Betreiber eines Kompostwerkes schwierig, EM einzusetzen. Außerdem – so schätze ich einige Betreiber ein – ist eine Reduzierung der Belästigungspotenziale auf biologischem Wege nicht attraktiv, weil diese Lösung zu einfach und preiswert ist und damit kosten- und gewinnminimierend wäre.

Die Landwirte und Gärtner hätten unmittelbar einen Nutzen, die Kompostwerke erst, nachdem sie den Markt für Ertrag steigernden Kompost entwickelt hätten. Und diese Entwicklung des Marktes kostet Geld. Wer wendet schon gerne für etwas Unbekanntes Energie auf?

Auf dem Markt hat sich bisher nichts geändert. Es gibt Verfahren (zwei Firmen kenne ich), mit denen man auch Biodiesel oder Biobenzin (natürlich auch Kunststoffe) daraus machen könnte. Deren Verwirklichung wird jedoch verhindert.

Kompostieranlage in Taufers

Über die Sprühaggregate wird EMa zum Kompost zugegeben. Bis der Kompost fertig ist, wird er nur drei- bis viermal umgesetzt.

Das Gülle-Problem – das Abwasser-Problem

Gülle ist ein problematisches Produkt, weil Kot und Urin zusammen an die gleiche Stelle kommen. Die Natur hat die höheren Lebewesen so gebaut, dass Kot und Urin an verschiedenen Stellen auf den Boden kommen.

Vermischen sich Kot und Urin, gibt es Probleme. Das Enzym Urease aus dem Urin spaltet Eiweiße und Harnstoff aus den Eiweißen des Kotes den Stickstoff in Form von Ammoniak.

Ammoniak ist ein Nervengift, das einen großen Teil der Mikroben in Gülle und Abwasser lähmt. Anschließend dominieren in der Gülle die Faulprozesse, die die Aversionen der Verbraucher gegen die Gülle provozieren (Gestank).

Die Idee, Kot und Urin zusammenzubringen, stammt aber von den Verbrauchern. Seit langer Zeit sind Toiletten so organisiert, dass Kot und Urin nicht getrennt werden. Die Verbraucher betrachteten diese Form der Kot- und Urinentsorgung als betriebswirtschaftlich sinnvoll, weil sie sehr preiswert war.

Komposttoiletten werden in vielen Varianten angeboten. Sie dienen zum Beispiel Kleingärtnern zu einem ruhigeren Aufenthalt in ihrem Garten und liefern wertvollen Humus. Der Urin wird in Flaschen gesammelt, unterschiedliche Flaschen für beide Geschlechter, und mit Wasser verdünnt als Flüssigdünger genutzt. Der Kot wird mit Holzkohle, aufgewertet mit Gesteinsmehl und EM, bestreut. Ist der Eimer voll, wird er noch 3 Wochen zwischengelagert und dann auf den Komposthaufen entleert. Geruchsbelästigungen entstehen bei richtiger Nutzung nicht.

Diesen betriebswirtschaftlichen Vorteil wollten sich die Landwirte natürlich auch nicht entgehen lassen. Die Ställe der Bauern waren bis noch vor 40 Jahren überwiegend so eingerichtet, dass der Kot zusammen mit dem Stroh zu Mistkompost wurde und der Urin der Tiere in die Jauchegrube floss. Das kostete viel Arbeit.

Als die Arbeit immer teurer wurde, schauten die Bauern auf die Kot- und Urinentsorgung der Verbraucher und ahmten diese nach. Nicht zuletzt die steigenden Kosten der Abwasserentsorgung für den Durchschnittsbürger signalisieren uns, dass das Verfahren des Zusammenbringens von Kot und Urin problematisch ist. Die dort ablaufenden Faulprozesse stellen sehr aggressive chemische Verbindungen her, welche Leitungen und technische Einrichtungen zerstören.

Diese faulenden Abwässer sind auch schwer zu bearbeiten, was sich immer wieder in stinkenden Kläranlagen und Abwasserleitungen äußert. Wer kennt nicht den unangenehmen Abwassergeruch in den Innenstädten im Sommer?

Will man nun die Gülle oder auch das Abwasser zu den natürlicherweise vorgesehenen Zwecken, nämlich der Pflanzendüngung, nutzen, muss man verhindern, dass die Faulprozesse eintreten. Deswegen sollten die Abwässer leicht sauer sein. Auf der einen Seite gibt es die Verfahren der EM-Technologie zur Bearbeitung der Fäulnis, auf der anderen Seite die alten Methoden im Stall: Stroheinstreu und Abführung der Jauche (Urin).

Entsprechende Systeme gibt es auch zur Bearbeitung der menschlichen Exkremente. Gerade im asiatischen Raum sind in vielen Regionen Komposttoiletten in Gebrauch. Der Urin sickert in eine Leitung zur schnellstmöglichen Verwendung als Dünger ab. Der Kot wird extra kompostiert.

Die Wiedergewinnung von Nährstoffen aus menschlichen Fäkalien scheitert zur Zeit noch an den aktuellen ökonomischen Bedingungen. Das Installieren der Trockentoiletten und deren Wartung und die Aufarbeitung der Hinterlassenschaften erscheinen uns unter heutigen Bedingungen noch zu teuer. Die technischen Fragen sind geklärt. In Durban (Australien) sind seit etwa 2005 ca. 90 000 Trockentoiletten installiert[1]. In Hamburg funktioniert das Bahnhofsklo am Ausgang Mönkebergstraße nach diesem

Moderne Toilette, die Kot und Urin trennt, wie sie in Durban oder auch in Hamburg verwendet wird.

1 http://derstandard.at/2000009467388/

Prinzip[2]. Hier sind EM und Holzkohle ein wichtiger Bestandteil der Problemlösung. Die Manager der wasserlosen Urinale der Autobahnraststätten nutzen moderne Technik zur Wiedergewinnung von Stickstoff und Phosphat zu Düngerzwecken. Hier rechnet sich der Aufwand, weil der Anschluss an die normale Abwasserentsorgung der meist abseits liegenden Einrichtungen oft zu teuer würde. Alle funktionierenden Trockentoiletten hier aufzuzählen ist nicht möglich, weil es schon so viele sind. Friedensreich Hundertwasser machte die Menschheit in seinem Manifest *Die heilige Scheiße* (Pfäffikon 1979) darauf aufmerksam, dass auch die menschlichen „Abfälle" die Grundlage des Lebens sein könnten und nach der Logik der Natur auch sein müssten. Diese nur zu „entsorgen" sei widernatürlicher Unsinn. Wir müssen uns die Frage stellen, ob wir Geld oder das Funktionieren der natürlichen Systeme vorziehen.

Solchen Entsorgungsverfahren gehört laut Analysen der UN-Gesundheitsorganisation die Zukunft, weil weltweit die Kosten der Abwasserentsorgung ins Unermessliche steigen und auch die Kosten der Umweltbelastung durch faulende Abwässer untragbar werden.

---

2 http://www.abendblatt.de/ratgeber/wissen/article2383053/Humus-vom-Hamburger-Hauptbahnhofs-WC.html

Sauberkeit ist falsch definiert

„Sauber" bedeutet in unserer Gesellschaft möglichst mikrobenfrei. Eine große Menge an Desinfektionsmitteln wird in den abendlichen Werbesendungen angeboten und beworben. Man verbindet ein gutes Gewissen mit der Reinlichkeit, die durch den Einsatz Mikroben tötender Mittel entsteht.

Zusätzlich werden bei diesen Mitteln Geruchsstoffe eingesetzt, die „Frühlingsfrische" signalisieren, ohne dass Frühling ist. Der Verbraucher verbindet heute Reinigungsmittelduft und Mikrobenfreiheit mit Sauberkeit.

Ursache für diese Denkweise ist ein Vortrag von Robert Koch (1843 – 1910) in der Berliner Charité. Er hatte herausgefunden, dass bei bestimmten Krankheiten bestimmte Mikroben in großer Zahl vorhanden sind. Durch diese Entdeckung traten zwei Denkschulen in der Medizin in einen nicht zu vereinbarenden Gegensatz. Die eine sagte, dass Mikroben die Auslöser von Krankheiten seien, die andere meinte, die Mikrobe sei nichts, das Milieu aber alles (Virchow, 1821 – 1902).

Die letztere Ansicht bedeutet, dass Krankheiten nicht durch einige wenige Mikroben hervorgerufen werden, sondern das Ergebnis der persönlichen Disposition (Ernährung, Konstitution, Stress, Trauma, Lebensgeschichte) und der äußeren Umstände sind. Die Summe der Umstände und Faktoren schafft erst die Voraussetzung dafür, dass einige Mikrobenstämme die Vorherrschaft übernehmen können.

Durch den Nachweis der Anwesenheit von Mikroben bei bestimmten Krankheiten war der Denkweg für viele offen, die Mikroben würden die Krankheit verursachen. Ein in der Geschichte beispielloser Kampf gegen Mikroben begann.

Anfangs hatte man unübersehbare Erfolge in der Medizin und der Pflanzenbehandlung. Diese Erfolge wurden aber in den letzten

Jahren dadurch in Frage gestellt, dass immer mehr resistente Mikroben auftauchten.

Sowohl in der Medizin als auch in der Pflanzenhygiene stellt man sich die Frage, ob die eingeschlagene Strategie langfristig zum Erfolg führen kann.

Überleben nämlich bei dieser Tötungsstrategie auch nur einige wenige Mikroben, nehmen diese die angewendete Strategie wahr. Diese Information verarbeiten sie in ihrem Erbgut, sodass die nächste Generation Chancen auf ein besseres Überleben hat. Dazu dient auch die schnelle Generationenfolge der Mikroben, die sich in ihrer Mehrzahl alle 20 Minuten fortpflanzen.

Diese Entwicklung hat in der Medizin und auch im Pflanzenschutz zu einer nur noch mit viel Mühe zu tragenden Kostensituation geführt. Die aktuelle Diskussion über die weitere Entwicklung bei den Krankheitskosten in vielen Ländern zeigt Grenzen der volkswirtschaftlichen Tragfähigkeit der bisher üblichen Denkweise beim Umgang mit entarteten Mikroben.

Wohin der Einsatz von Pestiziden etc. führt, ist noch gar nicht abzusehen.

Würde man jedoch systematisch die Milieus stärken, würden wahrscheinlich viele lebensbedrohliche Situationen für Mensch und Tier oder Totalausfälle beim Pflanzenbau gar nicht erst auftreten. In der EM-Landwirtschaft und in Hygienestrategien zeigt die Praxis, dass Milieusteuerung ökonomisch und naturwissenschaftlich möglich und durchaus erfolgreich ist.

Erste Mittel zur Milieustärkung in der Landwirtschaft waren auch schon vor Jahren auf dem deutschen Markt. So hatte ein großer Hersteller von Hygienemitteln ein Produkt aus getrocknetem Hühnerkot im Angebot. Dieser Kot stammte aus gesundheitlich besonders überwachten Hühnerbeständen. Damit wurden Kükenställe ausgesprüht, damit die Küken vom ersten Lebenstag an ein artgerechtes Mikrobenmilieu hatten. Die Aufzuchterfolge waren auch sehr ermutigend. Die Herstellung wurde jedoch wieder unterlassen, weil dieses Mittel sich nicht in die bestehenden Rechtsvorschriften für Desinfektionsmittel einordnen ließ.

Aufzüchter von Küken, die ihre Tiere mit EM behandeln, brauchen grundsätzlich keine Antibiotika. Wollen Sie mehr wissen, melden Sie sich beim Autor.

Die Logik von EM beruht auf der gleichen Denkweise. Man lenkt die Umweltkeime in eine gewünschte Richtung und nimmt damit potenziell pathogenen Keimen die Entwicklungsräume. Laufende wissenschaftliche Untersuchungen in landwirtschaftlichen Betrieben belegen die These, dass man mit EM solche Ergebnisse erzielen kann.

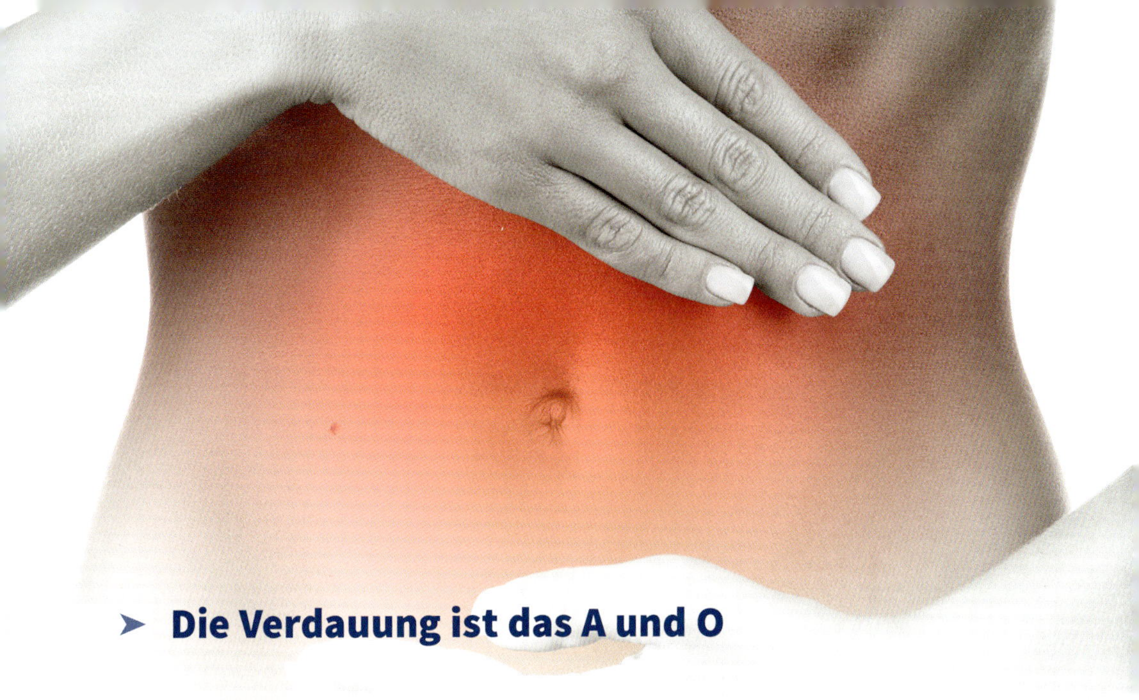

Die Verdauung ist das A und O

„Der Tod liegt im Darm", sagt der Volksmund. Hier liegt aber auch das Leben! Im Verdauungsapparat haben die Lebewesen auf der Erde den intensivsten Kontakt mit ihrer Umwelt.

Menschen haben zum Beispiel eine Hautoberfläche von gut 2 m^2. Die Oberfläche des Verdauungssystems beträgt aber weit über 300 m^2. Hier wird entschieden, ob die im Verdauungstrakt befindlichen Teile der Umwelt in den Organismus passen oder nicht.

Auf dem Schleim, im Schleim und unter dem Schleim der Verdauungsschleimhäute prüfen wirtsspezifische Mikroben, ob ein Stoff in den Organismus gelangen darf. Dieser Überwachungsschritt ist das Kernstück der individuellen Widerstandskraft, des sog. Immunsystems. Die dort siedelnden Mikroben prüfen jeden Stoff, der in die Blutbahn übergehen soll. Durch ihr Leben in Symbiose mit dem Wirt haben sie von diesem die Information, was ihm gut tut und was nicht.

Die Mikroben haben ein eigenes Interesse am Wohlergehen ihres Wirtes, da dieser ihr Lebensraum ist. So wie wir unsere Wohnung in Ordnung halten, so tun dies auch die Mikroben.

Verdauungssystem vor und nach der Geburt

Betrachtet man das Verdauungssystem eines Neugeborenen, gleich ob Mensch oder Tier, so ist dieses mikrobenfrei, solange es in der Fruchtblase der Mutter ist. Sein Immunsystem hängt vollkommen von dem der Mutter ab, durch deren Kreislauf es auch ernährt wird. Im Verdauungstrakt kann man einen pH-Wert von über 10 messen.

Im Embryonalzustand ist das Verdauungssystem alkalisch und vollkommen mikrobenfrei. Erst nach dem Platzen der Fruchtblase auf dem Weg durch den Geburtskanal hat das Neugeborene einen ersten Kontakt mit Mikroben, nämlich mit denen im Geburtskanal der Mutter. Der Geburtskanal hat durch die dort siedelnden

Schleimhautmikroben normalerweise einen pH-Wert von unter 4, dem pH-Wert von EM1.

Somit bestimmt die Mikrobenflora der Mutter die Erstbesiedlung des Verdauungssystems eines Neugeborenen. Danach kommt es mit der näheren Umwelt der Mutter in Berührung.

Die Raum- oder Stallkeime in der Luft sind das Nächste, was sich auf und in dem Neugeborenen ansiedelt. Später hat es mit Gegenständen im Raum Kontakt. Bevor es von der passiven Immunisierung durch die Muttermilch profitieren kann, kommen auch noch die Hautmikroben der Brustwarze/Zitze der Mutter auf es zu. Im mikrobenfreien Verdauungsapparat des Neugeborenen finden diese Mikroben genügend Platz, an dem sie sich ansiedeln können. Dann erst folgt die Lebenshilfe durch die erste Muttermilch.

Die Natur hat im Regelfall die Ausscheidungswege für Kot und Urin und die Geburtswege in einen engen räumlichen Zusammenhang gebracht. Unter derzeit gültigen hygienischen Prämissen

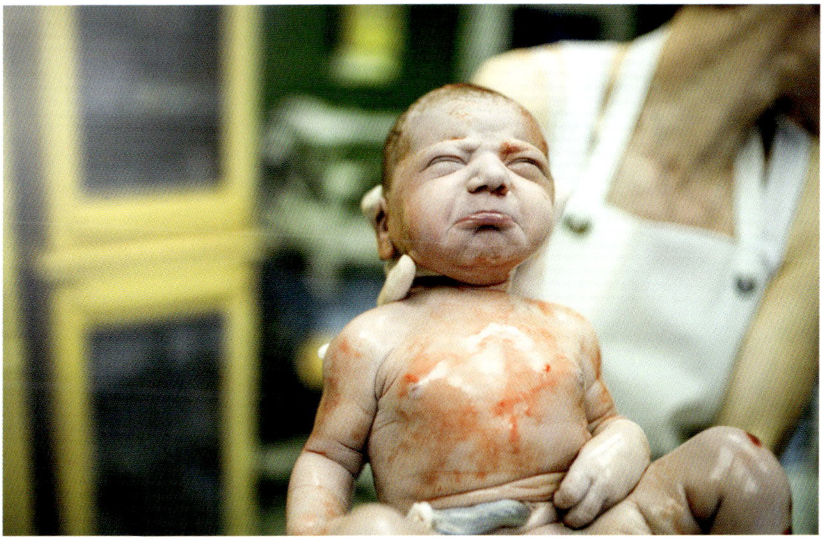

Babys kommen bei der Geburt das erste Mal mit dem Mikrobenmilieu der Außenwelt in Kontakt.

wäre das eigentlich nur als ein Irrtum der Natur zu bewerten. Aber bei dieser Anordnung besteht die größte Chance, dass das Neugeborene schnell die mikrobielle Flora der Mutter benutzen kann, um sich der Umwelt, in die es hineingeboren wird, anzupassen.

Das Auseinandersetzungssystem der Mutter mit der Umwelt, der Darm, enthält nach diesem natürlichen Plan die besten Informationen über den Nutzen und die Bedrohung durch die Mikroben der Umwelt. Dieses erworbene Wissen eines gereiften Organismus wird somit schnellstmöglich an das Neugeborene weitergegeben, damit es sich an die neue Umwelt, die Erde, ohne größere Startschwierigkeiten anpassen kann.

Diese Mechanismen waren früher in der bäuerlichen Bevölkerung bekannt. Meine Großmutter rieb neu geborene Ferkel direkt nach der Geburt mit frischem Kuhmist der ältesten Kuh ein.

Die älteste Kuh kenne den Stall am besten, war ihr Argument. Das war in kleinen bäuerlichen Betrieben um 1950 üblich. Man wusste aus Erfahrung, dass Ferkel nach einer solchen Behandlung so gut wie nie Neugeborenendurchfälle bekamen.

War der Kuhmist nicht optimal, was meine Großmutter am Geruch wahrnahm, benutzte sie den besten Kompost aus dem Garten für diese Prozedur. So bekamen die neugeborenen Ferkel massiv und schnell allerbeste Mikrobenmischungen zur Erstbesiedlung ihrer Verdauungsorgane. Pathogene Keime konnten sich nicht einnisten.

Ist die erste Muttermilch noch gut?

Die erste Muttermilch ist deswegen wichtig für ein Neugeborenes, weil darin jene Eiweiße übergeben werden, die das Immunsystem der Mutter ausmachen. Normalerweise lässt das Immunsystem der Mutter nur mittlere und kleinere Bausteine in ihren Organismus einwandern. Das verändert sich während des Geburtsvorganges.

Im Geburtsstress wird der Darm mit sehr wenig Sauerstoff versorgt, weil der Organismus sich ganz auf das Austreiben des Jungen konzentriert und der meiste Sauerstoff für die Austreibungsmuskulatur benötigt wird. Das Überleben des neuen Erdenbewohners mit der eventuell an die veränderten Umweltbedingungen angepassten Genetik steht also ganz im Vordergrund des biologischen Prozesses.

Durch den relativen Sauerstoffmangel während der Geburt wird die Darmwand durchlässig für größere Eiweiße, sodass die Immunstoffe (Eiweiße) der Mutter über das Blut zur Milchdrüse gelangen können.

Hat die Mutter eine gesunde Darmflora, gehen auch nur erwünschte Eiweiße ins Blut über. Ist die Mutter aber gestresst und hat deswegen Störungen in ihrem Immunsystem durch eine größere Zahl an schädlichen Keimen im Verdauungssystem, wandern auch unerwünschte Eiweiße ins Blut und in die Milch und damit auch in das Verdauungssystem des Neugeborenen.

Von daher gesehen ist die Gesundheit und Stressfreiheit der Mutter sowohl für die Mikrobenstruktur auf den Geburtswegen wie auch für die Zusammensetzung der ersten Milch verantwortlich.

Der Aufzuchterfolg von Jungtieren beginnt also ebenso wie das gesunde Heranwachsen des Menschen bei der Gesundheit und Stressfreiheit der Mutter.

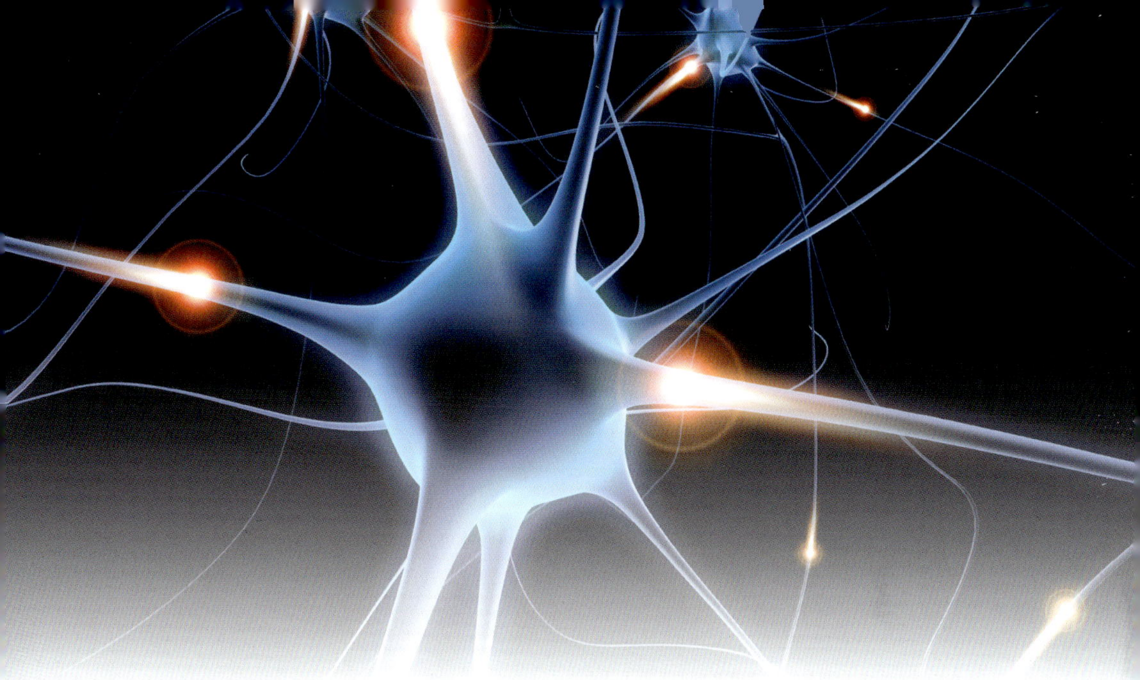

➤ Verdauungsapparat und Nervenverbindungen

Jeder Organismus kommt mit einem artspezifischen Nervensystem auf die Welt. Die Nerven haben nach der Geburt die Möglichkeit, spezifische Verbindungen (Synapsen) herzustellen. Diese Verbindungen entstehen durch die Reize der Umwelt, die sich wiederholen. Man nennt diesen Vorgang Lernen (körperliche Ebene).

Es entstehen Verbindungen der Nerven, die bei später folgenden Reizen bereits geschaltet sind, sodass dann die passenden körperlichen Reaktionen sehr schnell ablaufen. Da sich das Nervensystem aus dem Zentralrohr (embryonale Form des Verdauungsapparates) entwickelt, befinden sich am Verdauungsapparat noch viele – ca. die Hälfte aller – Nervenverbindungen. Diese werden zum großen Teil durch Reize des Darms geschaltet.

Hat nun der Darm eine gesunde (von der Natur für die Art vorgesehene) Mikrobenbesiedlung, werden auch die Nerven in der vorgesehenen Art gereizt.

Gibt es eine primäre Darmbesiedlung mit zum Teil nicht vorgesehenen oder nicht erwünschten Mikroben, entstehen auch nicht artgerechte Verbindungen der Nerven. Forschungen an der Universität in Leipzig lassen vermuten, dass viele als Erbkrankheit benannte Probleme dadurch entstehen, dass die primären Besiedlungen der Därme mit nicht erwünschten Mikroben zu unerwünschten Nervenverbindungen führen. Deswegen ist die erste Darmbesiedlung äußerst wichtig.

Auch im menschlichen Leben haben gesunde, artspezifische Verdauungsvorgänge einen Einfluss auf das „Nervenkostüm".

Eine kurzfristige Verdauungsstörung macht uns reizbar. Langfristige Verdauungsstörungen können zu ernsthaften Problemen führen, wie uns die Altersforschung lehrt.

Was kann man denn für ein gesundes Verdauungssystem tun? Gutes zu essen bedeutet Frisches zu essen. Frische, unverarbeitete und milchsauer vergorene Lebensmittel machen den Darm fit. Zucker, Feinmehl und Fertignahrung sind nicht artgerecht für den Menschen. Menschen, die intensiv und lange gegen solche Erkenntnis verstoßen, bekommen sehr häufig einen Diabetes Typ 2, auch Altersdiabetes genannt, heute leider auch immer öfter bei fehlernährten Kindern und Jugendlichen vorkommend. Die Folgen dieser Stoffwechselstörung sind vielfältig: Grauer oder Grüner Star, Herz-Kreislaufprobleme, Schlaganfälle, offene Beine, Arteriosklerose, Angstgefühle, sonstige Nervenschädigungen, Nierenerkrankungen usw.[1] Solche Stoffwechselstörungen beginnen im Regelfall mit Verdauungsstörungen und sind auch alle über die Verdauung wieder positiv beeinflussbar[2].

---

1 http://www.seniorenbedarf.info/diabetes-typ-ii-ursachen-und-auswirkungen-von-altersdiabetes – sehr gute Zusammenfassung, populärwissenschaftlich

2 siehe auch das Buch „EM Lösungen – Verdauung leicht gemacht", tosa Verlag 2015

➤ Das Leben ist ein Kreislauf

Mikrobiell optimaler Kot ist eine Bereicherung für den Boden; denn wie aller Abfall formt er dessen Mikrobenstruktur. Mensch und Tier informieren damit den Boden darüber, welche Mikrobenstruktur sie sich wünschen.

Damit schließt sich der Kreis: Die mikrobielle Besiedlung des Bodens bestimmt die des Futters und der Nahrung. Die mikrobielle Besiedlung des Futters und der Nahrung wiederum bestimmt die des Darms und die mikrobielle Besiedlung des Darms bestimmt schließlich den Mikrobengehalt und die Mikrobenzusammensetzung des Kotes, der wiederum ein Impuls für die Mikrobenstruktur des Bodens ist. Somit bestimmt eine optimale Abfallverwertung unser aller heutiges und zukünftiges Leben.

Die Verbindung aller Lebewesen über die Mikroben im Boden und in der Mitwelt ist bisher überwiegend noch nicht Bestandteil der üblichen wissenschaftlichen Forschungen.

Über 80 naturwissenschaftliche Fächer kämpfen nicht selten noch gegeneinander um Forschungsfelder und Forschungsgelder.

Die Philosophie hat es gegenüber der Naturwissenschaft heute schwer, weil man ihr nur einen geringen wirtschaftlichen Stellenwert beimisst.

Viele haben bereits vergessen, dass in der Zeit um 1950 Landwirte an den Universitäten in Deutschland noch zwei Wochenstunden Philosophie belegten, weil eine Verbindung zwischen den sehr unterschiedlichen Fächern Physik, Chemie, Bodenkunde, Tierernährung, Pflanzenzucht etc. hergestellt werden sollte.

Doch Weiterentwicklung ist in Sicht. Gerade die Grundlagenphysik beginnt den Zusammenhang von Materie und Energie zu verstehen. Raumfahrt und andere praktische Problemstellungen, zum Beispiel in der Medizin, führen die Menschen dazu, sich stärker mit den Zusammenhängen über die Energieflüsse der Welt auseinanderzusetzen.

Alle Landwirte und Gärtner sind in ihrer Tätigkeit, Neues aus Absterbendem herzustellen, dazu prädestiniert, wesentliche praktische Erkenntnisse vom Übergang des Lebens zum Tod und vom Tod zum Leben in die Diskussion einzubringen.

Landwirte wissen, dass Milch nicht aus dem Kühlregal kommt, sondern das Ergebnis von Düngung, auch mit Mist oder Gülle, Wachsen von Gras, Haltung von Tieren in Unfreiheit und Schlachten der alten und nicht benötigten jungen Tiere ist. Ungewöhnlich riechender Mist, die „süßen Kälbchen" und die „armen Kühe im Stall" erinnern sie an den Kreislauf der Stoffe in dieser Natur. Die Emotionen werden durch die Naturgesetze gelenkt. Deswegen erschrickt der Gärtner auch nicht, wenn er dem Leben eines Blumenkohls beim Abschneiden ein Ende setzt und er den Kot der Tiere als wunderbare Wachstumshilfe nutzt. Wir Städter haben Geburt und Tod aus unserem täglichen Leben verdrängt und empfinden ein Ende als Niederlage. Landwirte und Gärtner wissen und handeln danach, dass ein physisches Ende ein Beginn ist[1].

---

1 siehe auch: Hermann Hesse, Stufen, Insel Verlag 2011

➤ Das Leben – Energiegewinnung und Steuerung des Lebens

Alles Lebendige besteht aus einzelnen Zellen. Alle höheren Lebewesen sind eine Ansammlung von spezialisierten Zellen, die sich offensichtlich miteinander abstimmen, damit das große Ganze funktionieren kann. Für diese Lebensvorgänge sind Informationsaustausch und Energieflüsse notwendig. Deren Funktionieren sichert das Leben der Zellkonglomerate. Thesen über das Wie und Warum helfen uns, mehr vom Leben zu verstehen.

Schauen wir in die Entwicklungsgeschichte der Welt, dann wissen wir schon länger, dass es über Milliarden von Jahren nur einzellige Lebewesen auf der Welt gegeben hat. Sie haben diesen Blauen Planeten so hergerichtet, dass höheres Leben hier heimisch werden konnte.

Energiegewinnung

Ursprünglich war unser Blauer Planet sehr unwirtlich; denn es gab keinen freien Sauerstoff. Trotzdem entwickelte sich einzelliges Leben. In der Zeit ohne Sauerstoff hatten die Zellen ein sehr einfaches System zur Energiegewinnung, um ihre Lebensfunktionen aufrechtzuerhalten. Solche einzelligen Lebewesen nahmen ihre Energie aus oxidierbaren anorganischen oder, wenn sie vorhanden waren, aus organischen Stoffen. Bei organischen Stoffen vergoren sie diese ohne Sauerstoff, ähnlich wie wir es von der alkoholischen Gärung von Zucker her kennen. Die dabei freigesetzte Energie speicherten sie auf einem geeigneten Energieträger.

Ein Stoff namens ADP (Adenosindiphosphat) plus Phosphorsäure bildete den energiereicheren Träger ATP (Adenosintriphosphat). Dieser Träger ist geeignet, an den verschiedensten Stellen der Zelle Energie für die Lebensprozesse abzugeben. Aus dem ATP entstehen dabei wieder ADP und Phosphorsäure. Vergärt die Zelle weiterhin oder nimmt sie anderweitig Energie durch Oxidationsprozesse auf, kann wieder ATP entstehen. Der Prozess ist wiederholbar, solange der Lebensprozess der Zelle es erfordert und die Energielieferanten, also vergärbare Stoffe oder anorganische Oxidationsmittel, vorhanden sind.

Die Methode der Energiefreisetzung über Zuckervergärung ist für eine Zelle nicht sehr effizient. Bei der Gärung bleiben viele Stoffe mit hohem Energiegehalt übrig, die in diesem Prozess nicht als Energiequelle genutzt werden können. Zuckervergärung hat als Stoffwechselprodukt zum Beispiel Milchsäure mit sehr viel Restenergie, die wir Menschen seit Jahrtausenden bei der Herstellung von Lebensmitteln nutzen.

Als es später mehr Sauerstoff auf der Erde gab, konnten sich die Einzeller, die ihre Lebensenergie mit Hilfe von Sauerstoff in der Atmungskette freisetzen, entwickeln. Für den Energietransport nutzen diese Einzeller natürlich auch den ADP-ATP-Prozess. Der Stoffwechsel mit Sauerstoff ist 20-mal effizienter, schafft aber das Problem, dass bei der Energiefreisetzung eine erhebliche Menge an freien Radikalen entsteht. Seitdem leben die Zellen mit dem ständigen Risiko der Selbstvernichtung. Irgendwann in der Geschichte trafen sich diese beiden Arten von kernlosen Zellen und bildeten eine Einheit mit zwei Möglichkeiten zur Energiegewinnung. Beide „Spezialisten“ haben sich vereinigt und leben nun als Symbionten in einer Zelle. Bei dieser Vereinigung erst wurde ein Zellkern gebildet. Hierin vereinigte sich das genetische Material der beiden Vorläuferzellen.

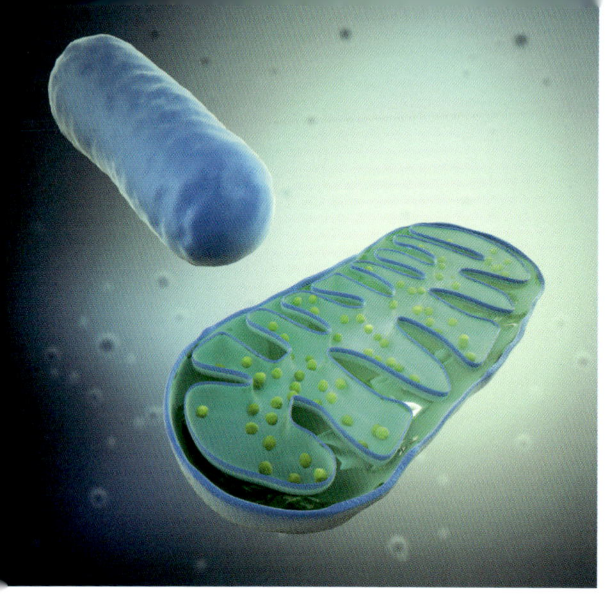

3D-Illustration von Mitochondrien

Die ursprünglich reinen Sauerstoffnutzer finden wir als „Zellkraftwerke" (Mitochondrien) in allen Zellen höherer Lebewesen. Aus der Genforschung wissen wir auch, dass diese Mitochondrien eigenes genetisches Material besitzen, das ausschließlich über die Mutter vererbt wird.[1] An dem eigenen genetischen Material kann man erkennen, dass dieses Zellkraftwerk früher ein selbstständiger Organismus war. Anhand des genetischen Codes der Mitochondrien wird zum Beispiel derzeit die Verwandtschaft des Neandertalers mit dem heutigen Menschen untersucht. Der Neandertaler ist ein Urmensch, dessen Skelett erstmalig in einer Höhle in der Nähe von Düsseldorf 1856 beim Brechen von Kalkstein gefunden wurde. Die Mitochondrien-DNS hat die Jahrtausende unter der Erde und die Jahrzehnte im Museum überstanden. Die DNS der Zellkerne war offensichtlich nicht mehr zu untersuchen. Die Existenz zweier unterschiedlicher Genpools aus ursprünglich verschiedenen Urvätern oder Urmüttern in den Zellen höherer Lebewesen ist somit völlig unstrittig.

Die verschiedenen Formen der Energiegewinnung der menschlichen Zellen beschrieb Otto Warburg schon in den 1920er-Jahren sehr anschaulich. Er erhielt für die Beschreibung des aeroben Zellstoffwechsels 1931 den Nobelpreis (Warburg-Hypothese). Die besondere Entdeckung Otto Warburgs war, dass die Zellen höherer

1 Vgl. Schatz, Gottfried: *Grenzen des Ichs – Warum Bakterien wichtige Teile meines Körpers sind.* In: NZZ, Nr. 197, 25. 8. 2008, S. 25.

Lebewesen, also auch die des Menschen, zwei Energiegewinnungssysteme haben. Er hatte herausgefunden, dass die Zelle bei der Zellteilung von der effizienten Energiegewinnung mit Hilfe der Zellkraftwerke auf die 20-mal weniger effiziente Energiegewinnung durch Gärung umschaltet. Der Vorteil für die Zelle besteht darin, dass keine selbst erzeugten freien Radikalen entstehen, die die DNS (Gene) in der kritischen Phase der Zellteilung schädigen könnten. Nachdem sich der Zellkern geteilt hat und die DNS wieder gut und sicher im Zellkern untergebracht ist, schaltet die Zelle wieder auf das effiziente System der Energiegewinnung durch die Mitochondrien um.

Otto Warburgs Leistung wurde in den 1980er-Jahren mit einer Briefmarke honoriert.

Eine Tumorzelle, die sich ja permanent teilt, benutzt nur die Gärung zur Energiegewinnung. Die effiziente Art, Energiegewinnung durch Mitochondrien, kann sie nicht nutzen, weil sie im Status der Vermehrung fest verhaftet ist. Diese Tumorzellen verbrauchen deswegen viel mehr Energie aus einfachen Kohlenhydraten als eine gesunde Zelle. Nimmt ein Patient nicht genügend Nahrung auf, baut er wegen der ineffizienten Ausnutzung der Nahrung Körpersubstanz ab.

Diese Tatsache macht sich die moderne Medizin zunutze, wenn sie Zellen finden will, die sich gerade teilen. Man spritzt eine markierte Glucoselösung (PET-Untersuchung mit Zuckerlösung). Der Zucker aus der Glucoselösung sammelt sich in den Zellen an, die sich gerade teilen und den Zellstoffwechsel auf Zuckervergärung umgeschaltet haben. Zucker ist das »Futter« für die Gärung. Die in der Öffentlichkeit bekanntesten sich teilenden Zellen sind Krebszellen. Die mit „Krebs“ bezeichnete Krankheit besteht darin, dass Zellen sich immer weiter teilen und nicht mehr in den normalen

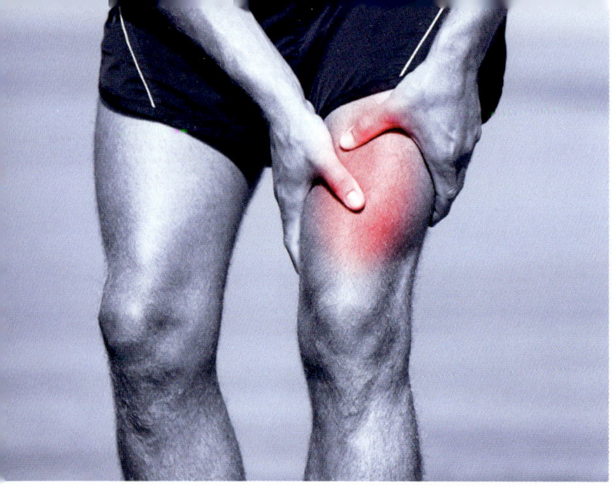

Muskelkater macht sich bei Überbeanspruchung durch die entstehende Milchsäure bemerkbar.

Lebenszyklus zurück können. Vor allem in der Krebsdiagnostik und bei der Suche nach Metastasen nutzt man dieses Wissen. Der Arzt spritzt radioaktiv markierten Traubenzucker, der sich bei den intensiv Zucker verbrauchenden Krebszellen sammelt und wegen der Radioaktivität einfach aufzufinden ist. Weiterhin wissen wir aus dem täglichen Leben, dass die Zellen bei großer Belastung und hohen Anforderungen, zum Beispiel durch übermäßige Arbeit oder Sport, auch auf die Energiefreisetzung durch Gärung umschalten. Die Milchsäure, die dabei entsteht, macht sich dann als Muskelkater bemerkbar.

Wer mehr über die Behandlung schwerer Krankheiten wissen möchte, sollte sich die DVD des Vortrages „Keine Panik bei Tumorerkrankungen!" der Ärztin Juliane Sacher[1] ansehen. Sie behandelt Krebs zum Beispiel unter anderem auch damit, dass der Patient längere Zeit auf schnell abbaubare Kohlenhydrate wie Zucker und Feinmehl verzichtet. Damit hungert der Patient die Zellen mit hohem Zuckerbedarf aus. Wenn er gleichzeitig für eine gute Sauerstoffversorgung seines Körpers sorgt, erinnern sich die Zellen wieder an ihre andere Möglichkeit der Energiefreisetzung und verzichten auf die für das Gesamtsystem kontraproduktive Zellteilung. Aus diesen wissenschaftlich schon lange bekannten Zusammenhängen erklären sich viele Heilerfolge mancher alternativen Methoden.

1 Sacher, Juliane: *Keine Panik bei Tumorerkrankungen!* (DVD). www.praxis-sacher.de

Die heute üblichen Zytostatika sind aus der Euphorie der Zeit nach dem Zweiten Weltkrieg zu verstehen. Gerade erst hatte man mit Hilfe der Antibiotika sehr viele Menschenleben gerettet. Also musste die Denkweise, eine Krankheit durch Abtöten des Krankheitsherdes zu bekämpfen, hilfreich sein. In der Krebstherapie kann man ja nachweisen, dass die Chemo- oder die Strahlentherapie Krebszellen zerstören. Einen Krankheitsherd zu zerstören, bedeutet nach dieser Denkweise Heilung.

Hierbei wird allerdings ein anderer in der Medizin und der Physiologie durchaus bekannter Prozess nicht beachtet, wie nämlich der Körper normalerweise mit unnützen oder gestörten Zellen umgeht. Stirbt eine Zelle, weil sie dem Körper nicht mehr dienen kann, lösen sich zuerst der Zellkern und dann die anderen Zellbestandteile auf. Sie zerfallen in Teile, die von den sogenannten Fresszellen als zu verstoffwechseln erkannt werden. Wird eine Zelle von außen zerstört, so ist das für den Körper jedoch ein alarmierender Vorgang. Normalerweise, das kennen wir von Wunden her, setzt ein überaktiver Stoffwechsel mit dem äußeren Anzeichen Fieber oder erhöhter Temperatur ein. Der Körper befindet sich in Alarmstimmung und setzt an den Stellen zerstörter Zellen seinen stärksten Reparaturmechanismus ein. Wird nun der Körper mit von außen abgetöteten Zellen überschwemmt, reagiert er überall mit seinem Notprogramm. Das erleben die herkömmlich behandelten Krebspatienten als enorme körperliche Anstrengung während der intensiven Therapiephasen.

Normale Zellfunktion

Die Voraussetzung für ein normales Leben der Zelle ist, dass sie ausreichend Sauerstoff und physiologisch wertvollen „Brennstoff“ zur Verfügung hat. Das erklärt den außergewöhnlichen

Erholungswert von Bewegung an frischer Luft und möglichst natürlicher Nahrung. Das oben Gesagte erklärt aber auch, dass körperliche Überforderung und psychischer Stress direkte Auswirkungen auf den Zellstoffwechsel haben. Halten die Belastungen sehr lange an oder wiederholen sie sich ohne ausreichende Erholungsphasen, führt das zu Entgleisungen des Zellstoffwechsels.

Steuerung des Lebens in der Zelle

Die Steuerung des Lebens in der Zelle ist eine recht komplexe Angelegenheit. Der Zellbiologe Bruce Lipton hat in seinem Buch *Intelligente Zellen* eine leicht zu verstehende Zusammenfassung der Erkenntnisse der modernen Zellbiologie veröffentlicht. Die Zusammenfassung der wissenschaftlichen Erkenntnisse, überwiegend aus den letzten fünf Jahren, revolutioniert viele Annahmen über die Grundlagen des Lebens. In Anlehnung an dieses Buch wird versucht, einen Blick auf diesen Teil der Grundlagen des Lebens zu werfen.

Schon Darwin hatte gegen Ende seines Lebens geäußert, dass seine Annahme über die Entwicklung des Lebens, die Evolution des Lebens geschehe durch die Auslese der Durchsetzungsfähigsten, überdenkenswert sei. Er habe, so äußerte er sich, die Einflüsse der Umwelt unterschätzt. Die am meisten bekannte These der Genetiker ist, dass Lebewesen allein durch die Festlegung der Erbanlagen in den Genen bestimmt und gesteuert würden. In der Wissenschaft rückte nach Darwin immer stärker die These in den Vordergrund, dass die Umwelt nur einen sehr beschränkten Einfluss auf die Ausgestaltung des Lebens nehme.

Die modernen Epigenetiker beginnen, die Thesen Darwins zu widerlegen. Besonders Lipton und andere in seinem Buch genannte Wissenschaftler öffnen neue Blickwinkel auf die Steuerungen der Funktionen des Lebens. Interessant ist die Erkenntnis,

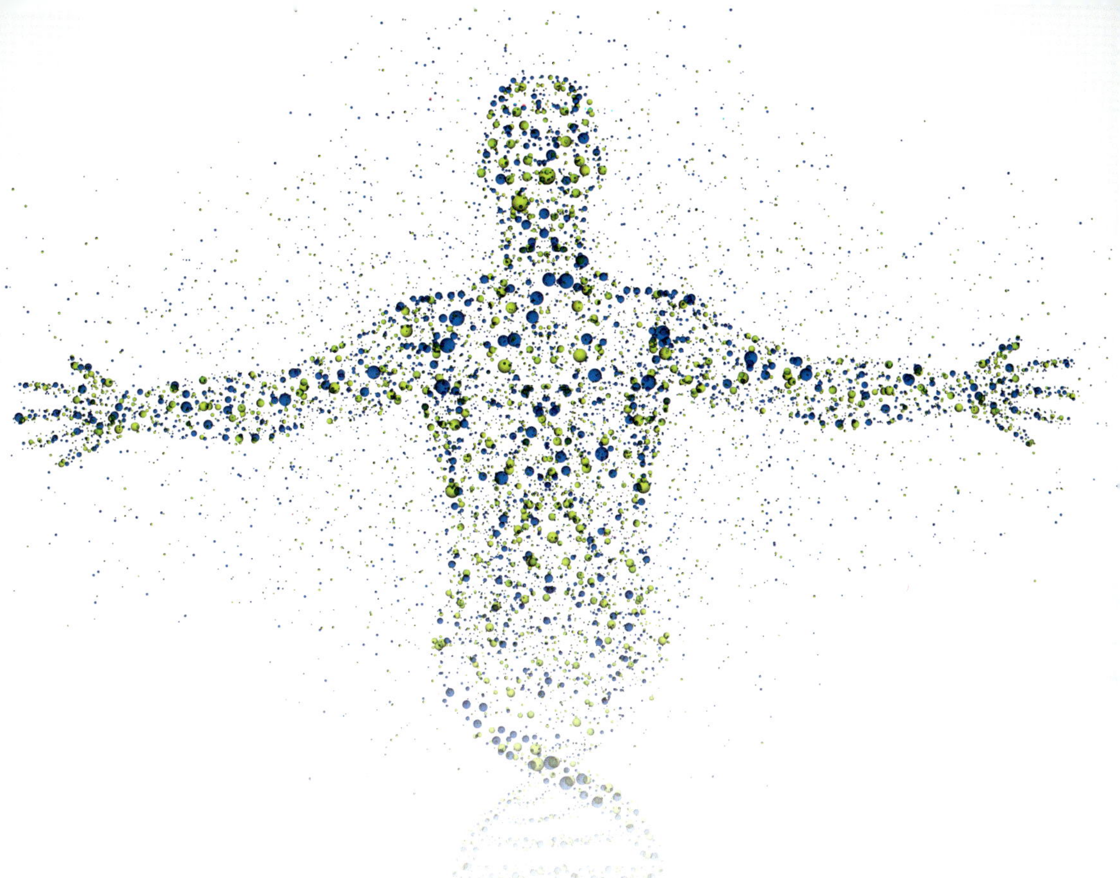

dass Zellen ohne Zellkern und damit ohne Gen recht gut ihre Funktion erfüllen. So haben rote Blutkörperchen keine Zellkerne. Daher können sie sich besonders gut verformen und auch noch durch die engsten Blutgefäße schlüpfen, um auch die Zellen in der Nähe der Haut, die mit extrem dünnen Blutgefäßen verbunden sind, mit den lebensnotwendigen Stoffen zu versorgen. Auch fiel in der Genforschung auf, dass Zellen, denen man den Zellkern entfernt hatte, nicht sofort abstarben, sondern eine Zeit lang, teilweise wochenlang, weiterlebten. Diese Zellen erfüllten ihre Funktionen so lange, bis sie das ihnen angemessene Alter erreichten und ihren Tod herbeiführten. Die einzige Fähigkeit, die sie im Vergleich mit anderen Zellen nicht haben, ist, dass sie sich nicht fortpflanzen können. Dazu brauchen Zellen den Zellkern und die dort enthaltene DNS als Träger der Erbsubstanz.

Die Epigenetik vertritt die These, dass das Genom im Zellkern, vergleichbar dem Programm eines Computers, nur das Potenzial einer Zelle beschreibt. Wie dieses Potenzial genutzt wird, können weder das Computerprogramm noch das Genom der Zelle bestimmen. So wurde zum Beispiel in den 1980er-Jahren nach den Möglichkeiten geforscht, wie Krebs genetisch festgelegt ist. Diese Fragestellung passt sehr gut in die immer noch in der Wissenschaft häufig benutzte These, dass unsere weit verbreiteten sogenannten Volkskrankheiten genetisch determiniert seien. Zur Beantwortung der Frage pflanzte man die Zellkerne von Krebszellen bei Mäusen in Keimzellen, denen man ihren eigenen Kern entfernt hatte. Nach der These, dass der Krebs genetisch bestimmt sei, hätte sich nun ein Haufen von Krebszellen bilden müssen. Doch das trat nicht ein. In allen Experimenten wurden gesunde junge Mäuse geboren. Nach meinem Wissensstand hat man nur für sehr wenige Krebsarten eine genetische Determination gefunden, so

Dass viele Annahmen der Zellkernforschung nicht immer zutreffen, erkannte man bei Versuchen mit Krebs-Zellkernen an Mäusen.

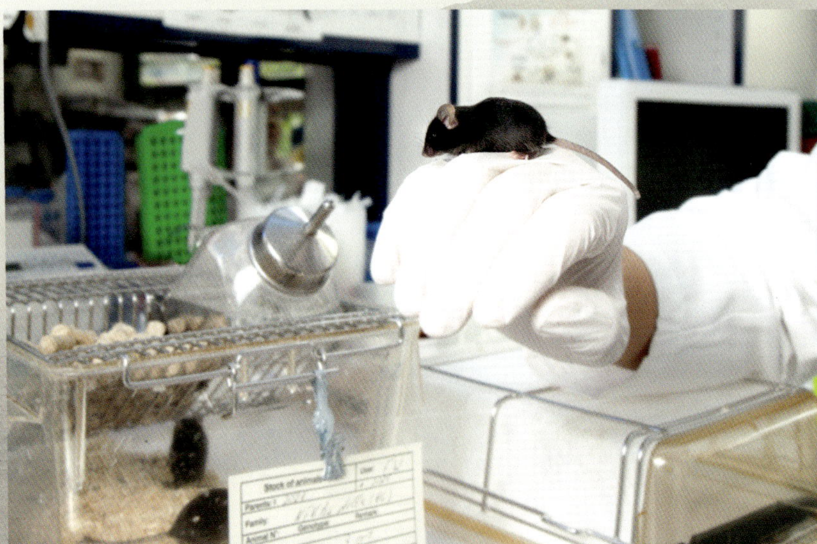

für Brustkrebs. Aber nur 5 % der Frauen, die an Brustkrebs erkranken, haben dieses genetische Potenzial. Somit müssen andere Faktoren das genetische Potenzial übertrumpfen können. Weitere Forschungen weisen darauf hin, dass die Umwelt einen wichtigen Einfluss auf das genetische Potenzial hat. Aus der Zwillingsforschung wissen wir zum Beispiel, dass eineiige Zwillinge, die in unterschiedlichen sozialen Verhältnissen aufwachsen, später unterschiedliche Genmuster haben.

Auch erhärtet sich die These immer mehr, dass lang andauernde Krankheiten, Gewohnheiten und Erfahrungen die Gene verändern. So kann man in mehreren Veröffentlichungen lesen, dass sich bei langfristig depressiven Menschen veränderte Gene finden. Daraus kann man schließen, dass Depressivität genetisch festgelegt sein kann. Man sollte aber zur Interpretation mancher Daten auch die eigene Lebenserfahrung nutzen. Jeder weiß, dass man sich in eine Depression hineindenken kann. Steht man sechs Wochen lang jeden Morgen mit dem Gedanken auf, der Tag werde schlecht und

man werde an allem herummäkeln müssen, dann wird man mit Sicherheit so depressiv, dass man medizinische Hilfe in Anspruch nehmen müsste. Geht man aber mit einer anderen Einstellung in den Tag, indem man sich über den wunderschönen Nebel als Weichzeichner für die Landschaft freut, den Regen als Nahrung für Mensch, Tier und Pflanze begreift und die Pracht der Blitze oder der wunderschönen, Leben spendenden Sonne bestaunt, dann haben Depressionen keine Chance, sich einzunisten. Wenn man solche Erfahrungen auswertet, dann liegt der Schluss nahe, dass sehr häufig die Einstellung eines Menschen die Depression hervorruft, weniger die Veranlagung. Selbstverständlich werden Einstellungen zum Leben auch oft in der Familie eingeübt. Damit sind sie aber keineswegs genetisch, sondern lediglich sozial festgelegt.

Die Forschung auf dem Gebiet der genetischen Festlegung von Krankheiten wird natürlich bei den Forschern vom Willen getragen, solche Unannehmlichkeiten für die Menschen ein für alle Mal zu beseitigen. Es könnte aber auch der Wille, zumindest bei denen, die die Forschung finanzieren, dahinter stehen, jede Marktchance für die medikamentöse Bekämpfung von Massenphänomenen zu nutzen. Würden wir unsere Gesellschaft über die Medien nicht nur über alles Schreckliche, sondern auch über die Fortschritte der Menschheit informieren und die Menschen hoffnungsvoll stimmen, könnte das dem massenhaft auftretenden Phänomen des Konsums von Psychopillen deutlich Einhalt gebieten. Wir müssten es nur wirklich wollen. Wenn etwa veröffentlicht wird, Depressionen seien erblich, dann verlieren Betroffene die Hoffnung, selbst etwas tun zu können, und nutzen ihre mentalen Kräfte nicht. Interessant ist auch zu beobachten, dass die Massenmedien gerne über genetische Festlegungen berichten, aber so gut wie nie darüber, dass die meisten

Elektrische Felder beeinflussen wesentlich die Abläufe in der Natur. Ein sehr dünner Wasserstrahl wird durch ein elektrisches Feld abgelenkt. Der Versuchsaufbau ist wie folgt: Zuerst wird ein Gegenstand aus Kunststoff an einem Wollstoff gerieben. Man hält diesen Gegenstand dann neben einen dünnen stetigen Wasserstrahl, ohne ihn zu berühren. Ergebnis: Der Wasserstrahl wird in Richtung des aufgeladenen Kunststoffgegenstandes abgelenkt.

Menschen andere Wege finden könnten, aus ihren Gebrechen auszusteigen.

Die Epigenetik hat in den letzten Jahren die Tore zu weiteren Denkmustern geöffnet. Man weiß inzwischen, dass das eigentliche Informationsverarbeitungssystem der Zellen in den Zellwänden lokalisiert ist. Zellen reagieren sehr empfindlich auf Signale aus der Umwelt.

Berühmt-berüchtigt ist das Experiment, in dem ein Ei zwischen zwei eingeschaltete Mobiltelefone älterer Bauart gestellt wurde. Nach einer Stunde war das Eiweiß durch Überhitzung fest wie bei einem gekochten Ei. Elektrosmog-Kritiker fragen sich besorgt, ob es den Gehirnzellen anders ergehen könnte als dem Ei. Diejenigen, die den Elektrosmog für nicht beachtenswert ansehen, halten das Experiment für nicht angemessen.

Juliane Sacher[1], die bereits zuvor erwähnte Ärztin, weist darauf hin, dass unsere Zellen heute durch vielerlei technische und zivilisatorische Belastungen beeinflusst werden. Denaturierte Nahrung, chemische Rückstände in der Nahrung, selbst gewählter oder aufgezwungener Lärm, Freizeitstress und Stress bei der Arbeit, ein immer unruhiger werdendes Familienleben, Hektik in der Lebensgestaltung, Angst vor der Zukunft und viele andere Faktoren wirken auf uns und die uns umgebende Natur ein. Die Summe der unphysiologischen Beeinflussungen sei ein wesentlicher Störfaktor für die Zellgesundheit.

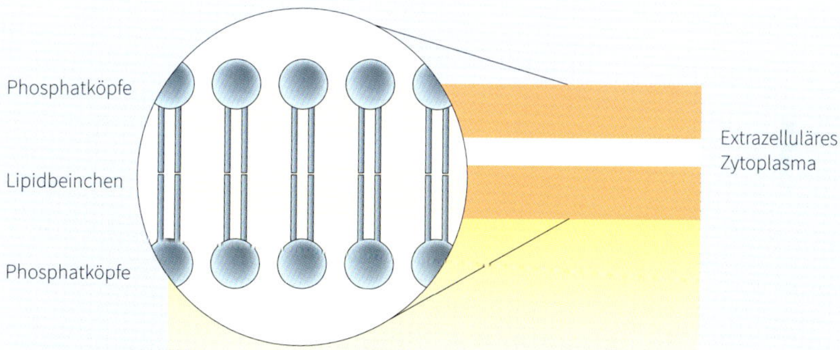

Eine menschliche oder tierische Zelle grenzt sich nach außen und gegenüber anderen Zellen durch eine Schicht aus Phospholipid-Molekülen ab. Durch diese Membran findet ein Stoffaustausch statt. Zusätzlich verarbeitet sie die Reize aus der Umwelt.

1 Siehe „Energiegewinnung“

Die Phospholipide der Zellmembran sind in einem sehr regelmäßigen Muster angeordnet und funktionieren ähnlich wie die Flüssigkristalle in einem modernen Bildschirm. Sie verhalten sich dort wie Halbleiter und können Informationen bearbeiten. Das

entdeckten 1997 die Forscher um B. A. Cornell [1] und veröffentlichten es in der Zeitschrift *Nature*. Nach den erwähnten Erkenntnissen kann man eine Zelle mit einem Computer vergleichen, wie Lipton es tut. Ein PC und eine Zelle haben Programme. Beim PC liegen die Programme auf der Festplatte, bei der Zelle im Zellkern. Um diese Programme in Aktivität zu versetzen, sind Signale von außen erforderlich. Ein Programm ist eine Möglichkeit in Ruhestellung, die allein durch ihr Dasein keinen Nutzen erbringt und keinen Schaden anrichtet. Durch die Reize von außen werden nun Teile des Programms genutzt. Das Ergebnis hängt davon ab, welche Befehle man über die Tastatur eingibt. Die Zellmembran ist sozusagen die Tastatur der Zelle. Auf sie treffen die Signale: Ruhe oder Hektik, Angst oder Vertrauen, von der Natur her bekannte Lebensmittel oder unbekannte chemische Bestandteile in der Nahrung, gute Worte oder Beschimpfungen, gute Musik oder belastende. Wenn man dieses Erklärungsmuster der Funktion und Steuerung einer Zelle annimmt, dann eröffnet sich einem eine völlig neue Lebensperspektive.

Das Leben ist also nicht in dem Maße festgelegt, wie die meisten Menschen bisher geglaubt haben. Vielmehr können wir auf der Klaviatur des Lebens spielen und selbst entscheiden, welche Einflüsse auf uns einwirken. Wir bestimmen, welche Worte der Drucker unseres Computers schreibt, welche Bilder er erzeugt oder welches Spiel wir gerade spielen wollen. Bemühen wir uns also, unser Leben so bewusst wie möglich zu leben, damit wir die Signale bestimmen oder immer umfassender bestimmen, die auf unsere Zellen einwirken. Damit bestimmen wir selbst, wie sich unser Leben gestaltet. Lipton sagt sogar, wir seien nicht die Opfer unserer Gene, sondern Schöpfer unseres Selbst.

1 Cornell, B. A., V. L. B. Braach-Maksvytis et al.: *A biosensor that uses ion-chanal switches.* In: *Nature 1997*, 387: 580–583.

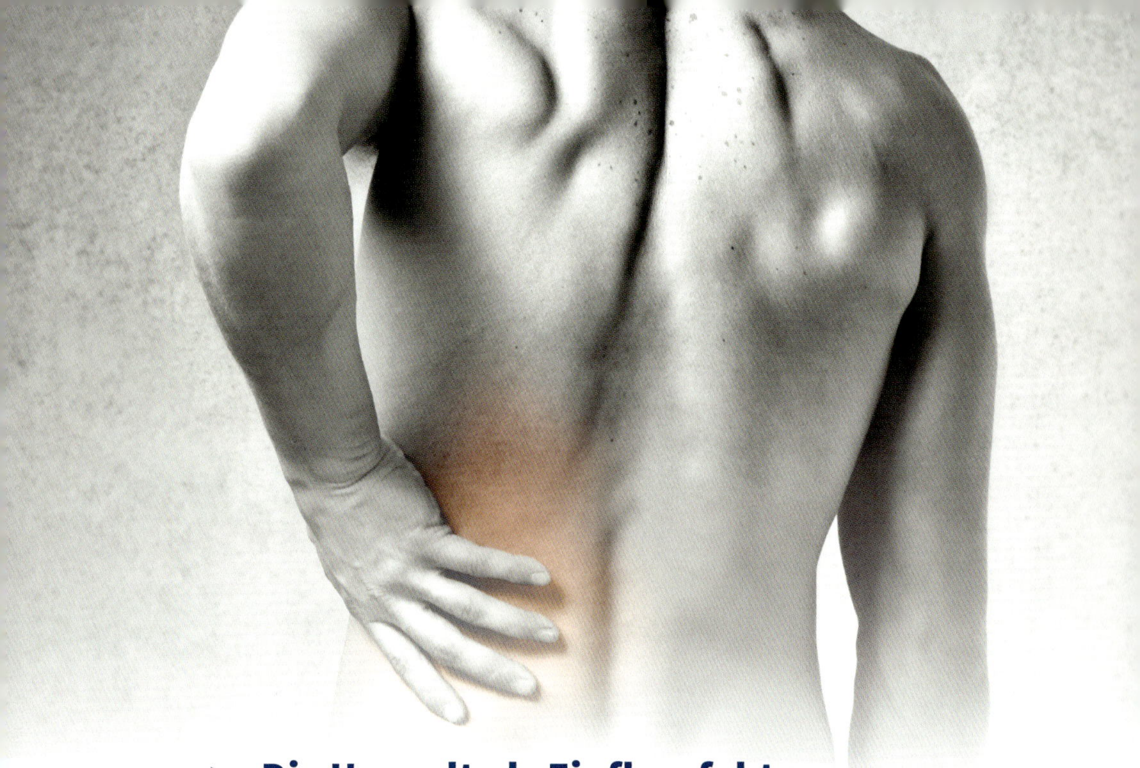

Die Umwelt als Einflussfaktor auf das Leben selbst bestimmen

Schmerzen sind die Empfindung, die niemand gerne in seinem Leben haben möchte. Menschen und Tiere erleben körperlichen und seelischen Schmerz. Die Schmerzempfindung ist für das Überleben sehr hilfreich, weil durch sie für das Individuum erkennbar wird, welche Handlungen und Begegnungen lebensfördernd oder lebensbedrohend sind. Schmerz scheint sich in Deutschland und vielen anderen Ländern der westlichen Welt als Volkskrankheit zu entwickeln. Mit Kosten von 29 Milliarden Euro im Jahre 2008 beziffert das Wochenmagazin *Der Spiegel*[1] den Schmerz als volkswirtschaftlich teuerste Krankheit in Deutschland. Elf Seiten

1 Hackenbroch, Veronika und Timm, Katja: *Volkskrankheit Schmerz.* In: Der Spiegel, Nr. 36, 2008, S. 154 ff.

widmet das Magazin diesem Phänomen. Die Lösung, die die moderne Medizin anbietet, ist eine Kombination aus Medikamenten, Muskelaufbau und Seelentraining. Der führende Schmerzforscher Prof. Dr. Walter Zieglgängsberger, Leiter der Arbeitsgruppe „Klinische Neuropharmakologie" am Münchener Max-Planck-Institut, äußert sich in derselben Ausgabe des *Spiegel* folgendermaßen: „Wenn die Selbstheilung in Schwung kommt, können wir anknüpfen mit dem stärksten Psychopharmakon, das wir haben: der Sprache."[2]

Hier wird also das Wort, das ein Mensch hört, als Heilmittel anerkannt. Sollten wir dann doch besser darauf achten, welche gesprochenen oder gedachten Worte uns beschäftigen? Könnte es sein, dass die Aussage eines Arztes, ein Krebs sei unheilbar, die Krankheit stärkt und Heilung beeinträchtigt?

Die Sprache lehrt uns, ein tief in uns sitzendes Gefühl zu benennen. Sie sagen: Ich freue mich! Wer sonst als Sie selbst kann sich freuen? Probieren Sie es aus, wenn Sie das nächste Mal in einen Stau auf der Autobahn geraten. Sie haben unter anderem die beiden folgenden Möglichkeiten. Die eine Möglichkeit ist, dass Sie sich ärgern. Dann löst sich der Stau nach drei Stunden auf und Ihnen geht es schlecht. Wenn Sie ein wenig darüber nachdenken, haben Sie auch die andere Möglichkeit, sich über eine Pause zu freuen. Dann löst sich der Stau auch nach drei Stunden auf.

2 Zieglgängsberger, Walter: *Lieber Tango statt Fango.* In: Der Spiegel, Nr. 36, 2008, S. 165.

Sie haben in der Zwischenzeit in Ruhe mit anderen Menschen gesprochen, vielleicht wichtige Telefonate erledigt oder einmal ausgiebig über komplizierte Sachverhalte nachgedacht, also etwas getan, wozu Sie in der Hektik des normalen Lebens zu selten kommen, oder Sie haben konzentriert Musik gehört. Dann kommen Sie erholter an Ihrem Ziel an. Sie müssen nur üben, sich für die angenehmere Möglichkeit zu entscheiden.

Gute Gedanken gegen Schmerz propagiert Rüdiger Fabian.[1] Durch „Aufmerksamkeitsumleitung", „Kognitives Umstrukturieren", „Körperwahrnehmung" und „Soziales Kompetenztraining" erreichen die Patienten, dass sie ein wesentlich angenehmeres Leben führen können. Im Lehrplan für Rückenschullehrerinnen und -lehrer heißt es zum Beispiel, dass Schmerzen auch als biopyschosoziales Problem zu behandeln seien und nicht nur motorische Fähigkeiten geschult werden müssten. Die Patienten entwickeln bei diesen Therapien einen umfassenden Blick auf ihren Körper und die offensichtlichen Einflüsse, denen er ausgesetzt ist. Am Patienten liegt es nun, das Erlernte übend in die Tat umzusetzen.

In der Tageszeitung *Bonner Generalanzeiger* vom 2. September 2008 wird über ein Forschungsvorhaben an der Bonner Universitätsklinik berichtet. Ein Doktorand an der Klinik sucht junge Menschen, die seit frühster Kindheit mindestens zwei Stunden täglich auf einem Musikinstrument üben. Als Vergleichsgruppe werden solche, die noch nie geübt haben, gesucht. Man möchte feststellen, welche Nervenverbindungen durch den regelmäßigen Umgang mit guter Musik hergestellt werden. Man versucht die These, Begabung (genetisches Potenzial) müsse durch Üben, selbst gelenktes Interesse und Ausdauer zur Blüte gebracht werden, zu

1 Fabian, Rüdiger: *Chronischer Rückenschmerz – notwendiges Übel oder verpasste Chance?* In: Die Schmerzhilfe, Heft 4, 2005, S. 2–5. Kopien bestellbar unter info@schmerzhilfe.de

beweisen. Eigentlich wissen wir alle das schon lange aus unserer Lebenserfahrung. Manchmal sind wir jedoch zu willensschwach zum Üben, obwohl wir wissen, was mentale Kraft bewirken kann.

In der gleichen Ausgabe steht einige Seiten später, dass Männer, die häufig fremdgehen oder generell unfähig zu längeren Beziehungen sind, ein bestimmtes Gen in einer bestimmten Variante haben. Hier wird durch den Aufbau des Artikels der Eindruck erweckt, dass das Gen dieses sozial schwierige Verhalten entschuldigt. Erst im letzten Absatz wird einschränkend gesagt, dass das Vorhandensein des Gens nichts über das soziale Verhalten von Männern vorhersagbar macht. Ihr Handeln hinge auch von ihrer Willensstruktur ab.

In der Zeitschrift *PM*, *Welt des Wissens* vom September 2008 wird auf den Seiten 83–86 unter dem Titel *Bei Rabatt hören wir auf zu denken* unter anderem beschrieben, dass Werbung das Gefühl von Menschen beeinflussen kann. Eine im Marketing klassische Zahl besagt, dass 95 % einer Kaufentscheidung vom Gefühl und

Unser Gehirn spricht auf Werbung an und reagiert darauf mit der Ausschüttung des Glückshormons Domanin.

nur 5 % vom Verstand getroffen werden. Reizt die Werbung den *Nucleus accumbens*, die Gehirnregion, die die Ausschüttung des Glückshormons Dopamin bewirkt, so stellen sich Glücksgefühle ein. Man arbeitet in der Erforschung dieser Erscheinungen mit einem Magnetresonanztomografen, mit dem Mediziner dem Gehirn bei der Arbeit zuschauen können. Als Beweis dafür, dass dieser Mechanismus greift, wird eine Untersuchung vom Baylor College in Houston/Texas aus dem Jahre 2004 angeführt. Die Frage war: Schmeckt *Pepsi-Cola* besser als *Coca-Cola* oder umgekehrt? In der Blindverkostung gewann immer *Pepsi-Cola*. Erfuhren die Probanden den Markennamen bei der Verkostung, entstand im *Nucleus accumbens* ein wahres Feuerwerk. Die Probanden erinnerten sich über die Nennung des Produktnamens an die emotional geschickt aufbereitete Werbung von *Coca-Cola* und das ausgeschüttete Dopamin ließ *Coca-Cola* besser schmecken.

Selber wollen macht frei

Die Gene beeinflussen unser Leben weniger, als die meisten Menschen annehmen. Die Mechanismen, wie man die Anlagen der Menschen nutzen oder beeinflussen kann, werden in umfangreichen Studien erforscht. Das erworbene Wissen kann nutzbringend in der Therapie oder der Selbsterziehung angewandt werden, aber auch dazu missbraucht werden, die Menschen unkritisch zum Geldausgeben zu manipulieren oder sie in schädlichen Verhaltensweisen zu bestärken.

Das Besinnen auf die Dinge, die uns Freude machen, kann uns vor schädlichem Verhalten bewahren.

Wille und Verstand können unser Leben vereinfachen

Die Programmierung des menschlichen Gehirns durch Werbung hat einen Gegenspieler, den Verstand! Wir haben also alle Chancen, unser Leben selbst in die Hand zu nehmen. Aber die Nutzung unseres Verstandes stellt Anforderungen an unseren Willen und daran, wie wir unsere Energie einsetzen; denn Denken fordert unseren Willen und benötigt sehr viel Energie! Wir können uns daher nicht einfach treiben lassen, wenn wir selbstbestimmt leben wollen.

Mit dem Verstand ein Gefühl zu überprüfen bringt im Leben häufig Vorteile. Heute hat jeder den Zugang zu fast allem verfügbaren aktuellen Wissen. Uns ist bekannt, dass die Bekämpfung von Krankheiten in der heute üblichen Weise ausufernde Kosten verursacht; denn mit den üblichen Methoden heilt man die Menschen in vielen Fällen nicht, sondern unterdrückt oft nur Symptome. Uns ist ferner bekannt, dass die heute üblichen Strategien, mit denen

Sauberkeit erzielt werden soll oder Pflanzenkrankheiten gemanagt werden, letztlich nicht erfolgreich sind. Ständig wachsende Probleme und ausufernde Kosten sollten für uns ein Signal sein, nach sinnvolleren Strategien zu suchen.

Sinnvollere Strategien sind durchaus verfügbar. Wir sollten sie ebenso nutzen, wie es immer mehr Menschen bereits tun. Im Bereich der Gesundheit gibt es einen sehr stark wachsenden Markt außerhalb der Schulmedizin, die allerdings bei den Krankenkassen fast eine Monopolstellung innehat. Heilpraktiker, Feinenergetiker und Heiler bekommen ihr Geld durchweg nicht von den Kassen, sondern von Patienten, die effektivere Wege suchen und dem öffentlichen Gesundheitssystem enorme Ausgaben ersparen. Inzwischen haben allerdings Bachblüten und homöopathische Heilmittel nicht selten einen festen Platz in Arztpraxen, und zwar vor allem von Kinderärzten. Alte Hausmittel erweisen sich häufig als sinnvoller, preiswerter und oft auch als viel wirksamer als die heute üblichen Medikamente. Spirituell arbeitende Menschen schulen ihren Willen und lösen sich so immer mehr von der üblichen Beeinflussung. Hygiene und Gesundheit werden immer öfter mit milchsauren Multimikrobenpräparaten gemanagt. Das erste Multimikrobenprodukt auf dem deutschen Markt war der *Kanne Brottrunk*. Er hat eine feste Marktposition bei vielen Konsumenten und auch bei Landwirten. Innerhalb der letzten zehn Jahre hat sich parallel zu diesem Produkt *EM – Effektive Mikroorganismen* einen festen Platz erobert.

Weitere Multimikrobenpräparate sind verfügbar[1]. Allen gemeinsam ist die These: Besetze alle Plätze mit erwünschten Mikroben, dann haben unerwünschte keine Chance! Die Nutzung dieser These erweist sich in der Praxis als sehr erleichternd und kostengünstig. So gestaltet man seine physische Umwelt gemäß den eigenen Vorstellungen.

1 Sonstige Multimikrobenpräparate: Unpasteurisierte Buttermilch oder Joghurt, alle nicht pasteurisierten milchsauren Gemüsesäfte, Kwas, frischer Sauerkrautsaft, ProEMsan, Multi Impuls, DarmFit

Fazit

Es gibt sehr unterschiedliche Ansätze, die Einflüsse auf ein individuelles Leben zu steuern. Viele Menschen fühlen sich den Einflüssen schutzlos ausgeliefert. Doch jeder hat die Chance, an einer oder an mehreren Stellen zu beginnen, für sein Leben einen eigenen Schutzraum zu schaffen. Jeder kann nach seinen eigenen Prioritäten handeln. Wissen ist heute in ausreichender Form vorhanden, wenn auch nicht an jeder Straßenecke. Immer mehr Menschen nehmen die Herausforderung an, ihr Leben logisch nach den eigenen Wertvorstellungen zu gestalten. Sie suchen und finden in der heutigen Welt viele Möglichkeiten, ihr Leben mit weniger Problemen zu gestalten. Es gibt nach unser aller Lebenserfahrung keine Methode, kein Verfahren und kein Mittel auf dieser Welt, das für alle Menschen gleich gut ist. Aber jeder hat für sich und die ihm anvertrauten Menschen die Aufgabe, einen gangbaren Weg zu finden. Wir haben die Freiheit der Wahl und das ist geradezu wunderbar!

➤ Resümee

Würden wir Menschen den Zusammenhang zwischen Tod als Ende des materiellen Lebens, der gleichzeitig der Beginn neuen physischen Lebens ist, vom inneren Bild her erkennen, könnten wir zum Beispiel die Angst vor zu wenigen Nahrungsmitteln auf der Welt verlieren. Unseren Nahrungsvorrat für die Mahlzeit in zwölf Wochen tragen wir im Darm mit uns herum. So lange braucht es, bis aus dem Kot wieder Gemüse wird. Wir brauchen den Kot nur auf das richtige Stück Land zu bringen und schon wächst daraus das, was wir dann als Nahrung brauchen.

Kein Stoff geht verloren, nur seine Struktur. Die Kraft zur Herstellung einer neuen Struktur strahlt jeden Tag in Form der Sonne in unfassbar großen Mengen auf uns herab. Könnte es sein, dass wir wirklich die Fülle des Lebens für alle Menschen auf dieser Welt organisieren können?

EM-Technologie erhebt nicht den Anspruch, allein alle Probleme lösen zu können. Nur eine gute fachliche Praxis und eine vernünftig hergestellte Sauberkeit auf der Basis unseres verfügbaren Wissens in Kombination mit der Rücksicht auf natürlich vorkommende Mikrobenmilieus werden helfen, gesundheitliche, ökologische und ökonomische Fragestellungen mit Erfolg zu beantworten.

Verlassen wir die Einseitigkeit im Denken. Öffnen wir uns dem Gedanken, dass die Natur nicht gegen die Menschen kämpft. Sie hält alles bereit, damit wir Menschen bei Anerkennung der Grundsätze der Natur zufrieden und mit einem Überfluss an Nahrung auf dieser Welt leben können. Wir sollten das vorhandene Wissen nutzen.

Mikroorganismen in Umwelt, Industrie und Wissenschaft

Zusammenfassung des Vortrages von Dr. Vera Sieg
vom 24.08.2008 in Heimerzheim
(Tag der offenen Tür bei der Firma EMIKO)

Als Mikroorganismen bezeichnet man die am häufigsten auf der Erde, in der Erde und in der Luft vorkommenden Lebewesen, die aus nur einer Zelle bestehen. In der einzigen Zelle laufen alle Lebensvorgänge ab, also Nahrungsaufnahme, Verdauung und Energiebereitstellung sowie die Entscheidung, was gut oder schlecht für dieses Leben ist. Mikroorganismen vermehren sich durch Zellteilung. Ihr Lebenselement ist das Wasser. Sie sind so klein, dass man sie nicht mit bloßem Auge erkennen kann. Dazu braucht man ein Mikroskop.

Mikroorganismen im Größenvergleich

Die größten Mikroorganismen heißen Protozoen. Sie sind etwa 0,1 mm groß und können sich aus eigener Kraft fortbewegen. Man findet sie überwiegend im Boden, im Sediment von Gewässern, jedoch auch im Wasser. Im Boden und im Verdauungssystem der Wiederkäuer leisten sie gute Dienste.

Pilze oder Hefen gehören, wissenschaftlich betrachtet, zu einer Gruppe. Sie sind etwa 0,01 mm groß. Auch sie finden sich im Boden, in der Luft, in Gewässern, insbesondere aber auf den Pflanzen, der Haut und den Schleimhäuten. Unbeweglich verharren sie dort und verbreiten sich durch Wachstum.

Bakterien sind mit 0,001 mm die von der Ausdehnung her kleinsten Mikroorganismen. Wir finden sie überall, im Boden, in der Luft, im Menschen und auf ihm sowie auf allen Oberflächen. Ihre Vielfalt ist unüberschaubar. Spezialisten rechnen mit über einer Milliarde an unterschiedlichen Arten.

Typische Bakterienformen

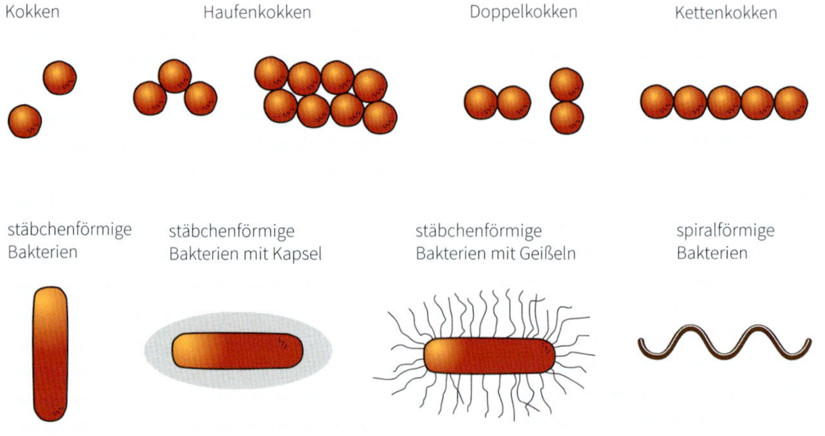

Wären diese Mikroorganismen rot, wäre die ganze Welt rot. Auf jedem Staubteilchen in der Luft finden wir diese Form des Lebens. Mikroorganismen sind die Mittler zwischen dem Mineralischen und dem Lebendigen, weil nur sie in der Lage sind, Mineralien zu lösen und in Lebendiges einzubauen. Diese Arbeit leisten sie zum Beispiel als Helfer der Pflanzen an den Pflanzenwurzeln oder als Vorkämpfer auf unseren Hausfassaden und Gehwegplatten, die anschließend von Moosen oder Flechten besiedelt werden können.

Die Mikroben als Grundlage des Lebens auf dieser Erde haben ein erstaunliches Leistungspotenzial, wenn alle Faktoren in der Umgebung stimmen. Das Bakterium *Escherichia coli* schafft bei optimalen Bedingungen alle 20 Minuten eine Zellteilung. Das ist die Grundlage dafür, dass Mikroben in sehr hohen Individuenzahlen auftreten können. Bei jedem Vermehrungsschritt haben sie die Chance, ihr genetisches Potenzial zu verändern. Die meisten Mikroben sind in der Lage, Teile fremder DNA aus der Umgebung in ihr genetisches Potenzial einzubauen. Das erklärt die hohe Wandelbarkeit der Mikroben, aber auch das Vorkommen von multiresistenten Keimen in Krankenhäusern und Viehställen.

Die Vermehrungsfähigkeit der Mikroben ist für uns fast unvorstellbar. Eine Bakterienzelle wiegt etwa 0,0000000000001 g. Wären die Arten von Mikroben und die Bedingungen so, dass die Mikroben sich einmal in der Stunde teilen könnten, dann würde die Bakterienmasse nach drei Tagen etwa fünf Tonnen betragen. Nach sechs Tagen würden sie eine Masse haben, die dem Gewicht der Erde entspräche. Die Erde wird nicht völlig von einzelnen Bakterien überschwemmt, weil die Arten sich gegenseitig als Nahrung dienen und teilweise auch um Nahrung konkurrieren. In der Natur ist Hunger der Normalzustand für Bakterien. Deswegen können sie sich nie über längere Zeiträume optimal vermehren, sondern nur, wenn besondere Bedingungen herrschen. Somit bleibt unter Normalbedingungen immer eine gesunde Mischung an Mikrobenarten bestehen. Nur unter Sonderbedingungen ereignen sich explosionsartige Vermehrungen einzelner Arten.

Weitere Beispiele: Aus 500 kg Hefen würden bei günstigen Bedingungen in 24 Stunden 50 000 kg Hefen entstehen. Ein Schnellmastrind mit 500 kg Lebendgewicht kann bei optimaler Fütterung und Haltung gerade einmal 0,8 kg in 24 Stunden zunehmen. Ausgewählte Schweinerassen schaffen bei optimaler Haltung und Fütterung im Lebensabschnitt zwischen 30 und 110 kg eine tägliche Zunahme von maximal 1,1 kg je Tag. Man sieht, dass die Mikroorganismen erheblich leistungsfähiger sind als die höheren Lebewesen.

Eine weitere Eigenschaft sichert das Überleben des Urlebens, also der Mikroben, auf der Erde, in der Erde und an verschiedenen Stellen im Kosmos: Werden die Lebensbedingungen für die Mikroben unwirtlich, so ziehen sie sich in die Form von Sporen zurück. Durch natürliche Prozesse sind Sporen kaum zerstörbar. Sporen von Mikroben hat man bereits in Asteroiden gefunden. Daher muss man annehmen, dass im Weltraum Mikroben überleben können.

Die Fähigkeit der Mikroben, zu überleben und sich unter passenden Bedingungen explosionsartig zu vermehren, ist die Grundlage allen Lebens auf der Erde. Sie sind an allen Lebensprozessen beteiligt. In allen Därmen, auf allen Häuten, an den Wurzeln der Pflanzen, überall da, wo Leben stattfindet, kann das Leben nicht auf Mikroben verzichten. Auf einem Hektar Boden, also auf 10 000 m^2, leben etwa 20 Tonnen Mikroben. Durch ihre Hilfe entstehen Pflanzen, die gerade einmal zwei Kühen zum Leben dienen. Diese beiden Kühe bringen nur ein Zwanzigstel des Lebendgewichtes der dort lebenden Mikroben auf die Waage, nämlich eine Tonne.

Menschen nutzen, bewusst oder unbewusst, schon immer Mikroben, um das Leben einfacher zu gestalten. Mikroben wandeln Mist in Kompost um, sie reinigen Abwasser und sanieren Böden. Sie reinigen die Abluft in sogenannten Bio-Filtern oder erzeugen Bio-Gas in modernen Bio-Gas-Anlagen. Auch helfen sie bei der Bier- oder Weinherstellung, lassen das Brot locker werden, stellen Joghurt oder Essig her. Diese Hilfe leisten sie seit Menschengedenken.

Das wissenschaftliche Verständnis der Tätigkeit der Mikroben wurde durch die Arbeiten von Louis Pasteur (1822–1895) begründet. Im Ersten Weltkrieg nutzte man Hefen, um Sprengstoffe herzustellen. Den ersten großen wirtschaftlichen Erfolg hatten die Menschen mit Mikroben, als es 1940 gelang, den Bodenpilz *Penicillium* zu isolieren und in einer Reinkultur Penicillin herzustellen. Seit den 1970er-Jahren des vorigen Jahrhunderts werden Mikroben benutzt, um viele reine Verbindungen in industriellen Prozessen herzustellen. Die Verfahren mit Mikroben übertreffen im Regelfall in der Ausbeute und in der Reinheit bei weitem chemische Prozesse. Durch die Gentechnologie haben wir heute fast unendlich viele Möglichkeiten, erwünschte Produkte herzustellen.

Beispiele für mikrobiell erzeugte Industrieprodukte

Lebensmittelindustrie

- Zitronensäure
- Milchsäure
- Carotinoide (Farbstoffe)
- Glutaminsäure (Geschmacksverstärker)
- Polysaccharide (Dickungsmittel)
- Vitamine
- Aromen

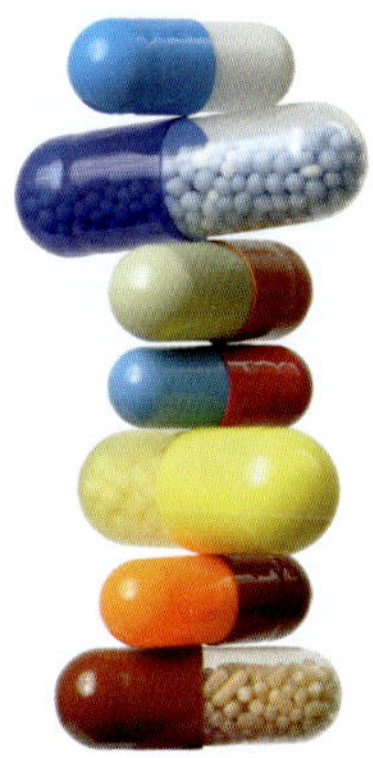

Medikamente

- Antibiotika
- Hormone
- Insulin
- Impfstoffe

Enzyme

- Sirupherstellung
- Lederaufbereitung
- Fruchtsaftklärung
- Waschmittelbestandteile
- Aufbereitung von Baumwolle

Die Biotechnologie wird für den Fortschritt und die Vereinfachung des täglichen Lebens immer wichtiger[1].

Stichwort: mikrobiell erzeugte Industrieprodukte

Mikroben, meist nur beachtet als „Krankmacher", haben sich in unserer modernen Welt eine nicht zu ersetzende Position erworben. Ihre Fähigkeit, sich unkompliziert zu vermehren und aus sehr einfachen, meist preiswerten Rohstoffen zu ernähren, macht sie zu einem heute unentbehrlichen Handwerkszeug der Industrie. Damit haben die mikrobiell erzeugten Produkte schon unseren ganz alltäglichen Lebensraum erobert. Farbe und Geschmack des Joghurts oder die Konsistenz des Fertigdressings für den Salat sind zum Beispiel das Resultat der hochproduktiven Einzeller. Sie helfen aber auch, die Kosten für die Krankenkassen zu senken. Früher wurde zum Beispiel Insulin als Diabetes-Medikament aus den Bauchspeicheldrüsen von Schlachttieren gewonnen, das dann auch noch recht aufwendig an den Menschen angepasst werden musste. Ein Diabetiker verbrauchte in der Woche die Menge an Insulin, die man aus einer Schweinebauchspeicheldrüse gewinnen konnte. Das war sehr teuer. Über eine gentechnische Veränderung an der Bierhefe und an E. coli konnten aber die Einzeller dazu gebracht werden, für Menschen direkt zu nutzendes Insulin herzustellen. Ebenso nützlich sind die Mikroben für saubere Wäsche. Die dort verwendeten Enzyme helfen heute teilweise mit, die Umweltverträglichkeit der Waschmittel zu verbessern. Auf der anderen Seite werden Zusatzstoffe entwickelt, die zwar das Waschen vereinfachen, aber in den Kläranlagen und den Gewässern zusätzliche Probleme bereiten. Für die Unternehmen steht immer die Frage im Vordergrund, wie sie einen Kundenwunsch preiswerter

1 http://www.transkript.de/fileadmin/dateien_transkript/PDF/TK07_2012_Spezial.pdf

erfüllen können. Erst die Mikroben als Helfer erlauben es, marktgerechte Produkte zu entwickeln. Ohne diese angepassten Mikroben wäre unser Leben heute weniger einfach. Über die Umweltverträglichkeit müssen wir als Kunden selbst urteilen, weil die Unternehmen den Verkauf eines Produktes als Zustimmung für ihr gesamtes Gebaren werten.

Stichwort: Mikrobielle Ökologie als Lehrfach

Mikrobielle Ökologie wird an vielen Universitäten als Fach gelehrt. In diesem Fach versucht man die Wechselbeziehungen zwischen den Mikroorganismen und der Umwelt zu beschreiben. Die Natur ist ein sehr komplexes System, das auf der Konkurrenz und Kooperation von Mikroben aufgebaut ist. Selbstverständlich gibt es unüberschaubare Wechselbeziehungen zwischen Mikroben und höheren Organismen. Stark schwankende Umweltbedingungen (Tages- und Jahreszeiten, wechselndes Wetter) erschweren die Arbeit in diesem Forschungsgebiet. Ursache-Wirkungsketten, bei denen man isolierte Zusammenhänge erkennen könnte, sind sehr schwierig zu definieren. Mit den heute üblichen Methoden untersucht man die Anzahl der verschiedenen Arten von Mikroben, deren gesamte Masse und natürlich auch die Aktivität unter sich ändernden Bedingungen.

Mikrobielle Ökologie arbeitet unter sehr schwierigen Bedingungen. Mikroben leben in Aggregaten oder sind an Oberflächen angeheftet. Unter dem Mikroskop sind sie äußerst schwer zu erkennen und zu unterscheiden. Deswegen müssen Mikroben zuerst in Reinkultur gezüchtet werden, bevor man wirklich wissenschaftlich mit ihnen arbeiten kann. Aber weniger als 1 % der Bakterien, zur Zeit etwa 5000 Arten, lassen sich im Labor kultivieren. Durch Färbung oder bei DNA-Analysen erfassen die Wissenschaftler lebende und tote Zellen. So sind nähere Angaben zu den einzelnen Arten nur sehr eingeschränkt zu erarbeiten. Mit den modernen molekularbiologischen Methoden können Mikroben nur identifiziert werden. Wie viele wann, wo und unter welchen Bedingungen und Wechselwirkungen leben und arbeiten, lässt sich mit diesen Methoden kaum beschreiben.

Fazit

Mikroben bilden die Grundlage des Lebens auf der Erde. Wir nutzen ihre Fähigkeiten schon lange und werden sie auch weiterhin nutzen, obwohl die Wissenschaft bisher nicht genau weiß, wie Mikroben wirken. Für eine Weiterentwicklung der Wissenschaft zur Erklärung von Naturphänomenen ist eine ganzheitliche Denkweise unbedingt notwendig.

Ganzheitliches Denken ist gerade für die Naturwissenschaft nur schwer zu realisieren, da sie mit statistischen Methoden arbeitet. Mit der Statistik kann man einige wenige Einflussfaktoren, vielleicht 4 eindeutig und bis zu 10 in etwa, beschreiben. Wenn die Natur aber schon hunderte verschiedene Mikroben braucht, um die Verdauung eines Wurmes regelgerecht ablaufen zu lassen und die Verdauung aber auch noch durch unterschiedliche Pflanzen und Bodenbestandteile bestimmt wird, ist es kaum möglich, mit diesen Methoden die Natur wirklichkeitsgetreu zu beschreiben. Dennoch verzagt die Wissenschaft nicht. Immer komplexere Rechenmodelle und die sich immer weiter ausbreitende übersektorale Zusammenarbeit von Wissenschaftlern lassen erwarten, dass wir unser Wissen über die Natur vertiefen und immer effektiver auch komplexe Zusammenhänge verstehen lernen.

➤ Terra Preta – die schwarze Erde der Indios

Die besonders gute schwarze Erde der Indios war die Grundlage für die städtische Hochkultur in Südamerika und entstand auch durch Fermentation. Städte brauchen Versorgung (Nahrung) und Entsorgung (Abfälle und Fäkalien). Die Indios sammelten Küchenabfälle, Holzkohle und Asche und die Fäkalien fest zusammengepresst in Tontöpfen. Die wurden aus den Städten herausgebracht und im nahen Umland in den Boden eingegraben. Der Inhalt war praktisch fermentiert, also zu Bokashi mit Holzkohleanteilen umgesetzt. Diese „Futterbomben" für Pflanzen waren (und sind) gerade wegen der extrem unfruchtbaren Urwaldböden in den Tropen für die Gemüseproduktion ein Segen (mehr unter *Planet Wissen* und vielen weiteren Quellen im Internet[1]).

1 ww.planet-wissen.de/natur_technik/wald/amazonien/terra_preta.jsp
http://www.youtube.com/watch?v=62JvVt4v-gw
http://www.youtube.com/watch?v=Yb8uKxH8nMc

Die Holzkohle und die Scherben der Tontöpfe speichern die Nährstoffe so, dass sie von den tropischen Starkregen nicht ausgewaschen werden können. Nährstoffe stehen nahezu verlustfrei für die Pflanzenproduktion zur Verfügung. Somit entstand rund um die Städte eine hochproduktive Nahrungsproduktion, die auf vollkommenem Recycling beruhte und sehr hochwertige Nahrung für die Stadtbewohner bereitstellte. In der Region sagt man, dass die Terra Preta 30-mal höhere Erträge als das unbehandelte Land bringt. In Versuchen in Deutschland wird vom gut doppelten Ertrag gesprochen.

In Deutschland wurde das Prinzip zur Herstellung von Terra Preta kurz nach der Jahrtausendwende wiederentdeckt[1]. Zahlreiche Anbieter verkaufen inzwischen mit EM oder ähnlichen Multimikrobenpräparaten versetzte Gemische aus Holzkohle und Gesteinsmehl als Starter für den Kompost und auch teilweise sehr gute Terra-Preta-Erden. Die Holzkohle in der Terra Preta verrottet auch über Jahrzehnte kaum und bleibt als Kohlenstoffkomponente des Humus stabil. Sie stellt ihre poröse Struktur als „Wohnplätze" für die erwünschten Mikroben und als Bindungsstellen für die Nährstoffe zur Verfügung. Man hat ein kompaktes Hochhaus voll mit Bewohnern, die nichts anderes wollen, als den Pflanzen zu dienen, erklären die Fachleute den Fragenden.

Auffällig in allen Terra-Preta-Gärten ist aber die hervorragende Pflanzengesundheit. Die Pflanzen wachsen auf einem Boden heran, der weitgehend Freiheit von Stress für die Pflanzen garantiert. Wegen der im Regelfall ausreichenden organischen Düngung gibt es viele Würmer. Die Böden sind sehr aufnahmefähig für Wasser, das dort auch gespeichert werden kann. Somit sind „zu viel Regen" oder „zu trocken" Unbekannte für die dort wachsenden Pflanzen.

---

1 *Terra Preta, Die schwarze Revolution aus dem Regenwald*, Ute Scheub et al. München, 2013

Es ist einfach, solch eine Erde selbst herzustellen. Man kann die Starter (Holzkohle, Gesteinsmehl, Mikroben) fertig zukaufen und dem eigenen Komposthaufen zugeben. Kauft man sich einfache Grillkohle und zerkleinert die, sollte man solche aus Holz und nicht aus Braunkohle benutzen. Pflanzenkohle, auch als *Biochar* gehandelt, wird auch in besonderen Anlagen hergestellt, inzwischen auch unter wirtschaftlich und ökologisch verträglichen Bedingungen. Diese Holzkohle wird aus Abfall wie Ästen und Blättern in so genannten Pyrolyseöfen hergestellt. Pyrolyseöfen für den Hausgebrauch gibt es inzwischen auch in großer Zahl fertig zu kaufen oder als Selbstbauanleitung im Internet und bei youtube. Damit kann man im eigenen Garten sehr gut den Grill ersetzen und die eigene Biokohle für die eigene Terra Preta herstellen.

Diese Technik beinhaltet einige sehr interessante Lösungen für Zeitprobleme. Holzkohle mit EM versetzt erlaubt es, Komposttoiletten ohne Problem zu führen. Wenn Sie in Hamburg die Bahnhofstoilette am Ausgang Mönkebergstraße benutzen, produzieren Sie Dünger und kein Abwasserproblem[2], weil dort eine geeignete Technik, EM und Biokohle benutzt werden. Mit der Technik wäre es also rund um alle Städte und Wohnsiedlungen in der Wüste möglich, den sterilen Sand so aufzuwerten, dass dort auch

2 Hamburger Abendblatt, 28.8.12, *Humus vom Hamburger Hauptbahnhofs-WC*

Pflanzen, zum Beispiel trockenheitsresistente Bäume, wachsen könnten und es dort kühler würde. Der Kot und andere organische Abfälle der Städte könnten mit den heutigen Technologien recht einfach auch in *Biochar* (Holzkohle) verwandelt werden, sodass es ein sich selbst tragendes System würde. Denken wir noch einen Schritt weiter: Könnten alle Nahrungsreste als Dünger dienen, müsste die Düngemittelindustrie sich eine neue Betätigung suchen und man würde etwa 20 % des CO_2-Ausstoßes weltweit einsparen.

Ein weiteres Zeitproblem könnte sich einer Lösung nähern. Durch die Einlagerung der Holzkohle in die Böden würden pro Hektar bis zu 10 t Holzkohle gebunden und unseren Böden zusätzlichen Dauerhumus liefern. Es würde sehr schnell ein Humusaufbau geschehen, der sonst kaum bezahlbar wäre und viele Jahrzehnte dauern würde. Wäre dann eine Finanzierung über CO_2-Zertifikate möglich[1]?

1 www.ökoregion-kaindorf.at, Zertifikathandel mit Humusaufbau

➤ Literatur

Literatur zu Effektiven Mikroorganismen, zu EM1 und zum Verständnis der mikrobiellen Zusammenhänge dieser Welt

Blech, Jörg: *Leben auf dem Menschen. Die Geschichte unserer Besiedler.* Reinbek (Rowohlt) 2004

Jörg Blech bleibt im Vergleich mit Konemann ernst, schildert aber auch sehr verständlich die Zusammenarbeit von Mikroben zum Schutz oder zur Belastung der Menschen.

Henning, Erhard: *Geheimnisse der fruchtbaren Böden.* Xanten (Organischer Landbau-Verlag) neu aufgelegt 2011

Higa, Teruo: *Eine Revolution zur Rettung der Erde.* Xanten (Organischer Landbau-Verlag) 2003

Higa, Teruo: *Effektive Mikroorganismen – unsere Perspektive,* Heimerzheim (edition EM) 2013

Teruo Higa, Gartenbauprofessor auf Okinawa, Japan, legt dar, wie er die Effektiven Mikroorganismen entdeckte und warum er EM1 nicht hat patentieren lassen. Anhand vieler Beispiele zeigt er auf, dass EM tatsächlich viele Dinge beeinflussen kann, die uns heute als Umweltprobleme bekannt sind.

Koneman, Elmer W.: *Am anderen Ende des Mikroskops.* Heidelberg (Spektrum Akademischer Verlag) neu aufgelegt 2010

Der emeritierte Professor für Mikrobiologie, Elmer Konemann, erfüllt sich mit dem Buch über einen fiktiven Mikrobenprozess einen Lebenstraum: Er wollte schon immer Mikrobiologie für jedermann verständlich machen. Jeder kann nach der Lektüre verstehen, wie die Vielfältigkeit der Mikroben uns ein angenehmes oder beschwerliches Leben bescheren kann. Die Mikroben treffen sich zum Weltkongress, weil sie vermuten, dass die Benennung des „Homo sapiens" falsch ist. Sie diskutieren die Umbenennung des Menschen in wissenschaftlicher Manier. Wäre der Mensch wirklich „sapiens", also weise, ginge er anders mit den Mikroben um.

Ich habe selten so viel gelacht und gleichzeitig von den Mikroben verstanden.

Rusch, Hans Peter: *Bodenfruchtbarkeit. Eine Studie biologischen Denkens.* Xanten (Organischer Landbau-Verlag) neu aufgelegt 2011

Hans Peter Rusch, Humanmediziner und Entwickler des Arzneimittels *Symbioflor* zur Wiederbelebung von menschlichen Verdauungstrakten nach Einnahme eines Antibiotikums, ist der Begründer des biologischen Anbauverbandes „Bioland". Das vorliegende Werk ist eine Grundlage für den organischen Landbau, weil Rusch die Grundlagen für das Verständnis des Bodens als Katalysator für die Existenz unseres Planeten Erde gelegt hat. Ein „Muss" für jeden, der den Boden verstehen will.

Rusch, Volker: *Bakterien – Freunde oder Feinde?* Stuttgart (Urania Verlag) 1999

Volker Rusch ist der Sohn von Hans Peter Rusch und promovierter Mikrobiologe. Er bringt dem Leser die Mechanismen der Mikroben in Verdauungstrakten und den Aufbau des Immunsystems in sehr lesbarer Form nahe.

Scheub, Ute et al., *Terra Preta. Die schwarze Revolution aus dem Regenwald: Mit Klimagärtnern die Welt retten und gesunde Lebensmittel produzieren*, München 2013

Drei ausgemachte Fachleute erklären, wie, wann und wo die wunderbare schwarze Erde der Indios entstand und wie sie wieder entdeckt wurde. EM brachte den Durchbruch auf dem Weg zur Entdeckung. Besonders spannend wird der Teil, in dem sie beschreiben, wo Terra Preta auch heute wieder großen Nutzen bringt.

EM-Journal, Organ des gemeinnützigen EM e.V., erscheint alle drei Monate. Man findet viele Beispiele aus der Praxis der EM-Anwendung.

Literaturangaben: Das Leben – Energiegewinnung und Steuerung

Cornell, B. A., V. L. B. Braach-Maksvytis et al.: *A biosensor that uses ion-chanal switches.* In: Nature 1997, 387: 580–583

Fabian, Rüdiger: *Chronischer Rückenschmerz – notwendiges Übel oder verpasste Chance?* In: Die Schmerzhilfe, Heft 4, 2005, S. 2–5. (Kopien bestellbar unter info@schmerzhilfe.de)

Hackenbroch, Veronika und Timm, Katja: *Volkskrankheit Schmerz.* In: Der Spiegel, Nr. 36, 2008, S. 154–163

Kiontke, Siegfried: *Physik biologischer Systeme – Die erstaunliche Vernachlässigung der Biophysik in der Medizin.* Vitatec Medizintechnik 2006

Lipton, Bruce, Ph. D: *Intelligente Zellen*. Burgrain (Koha Verlag) 2003

Sacher, Juliane: *Keine Panik bei Tumorerkrankungen!* (DVD), www.praxis-sacher.de

Schatz, Gottfried: *Grenzen des Ichs – Warum Bakterien wichtige Teile meines Körpers sind.* In: Neue Zürcher Zeitung, Nr. 197, 25. 8. 2008, S. 25

Zieglgängsberger, Walter: *Lieber Tango statt Fango.* In: Der Spiegel, Nr. 36, 2008, S. 164–166

Video/DVD (aus dem EM1-Fachhandel)

Life in the Soil. Video von der *Nature Farming International Research Foundation* mit deutschen Erläuterungen. Zu beziehen u. a. bei www.multikraft.com

30 Minuten über die Zusammenhänge des Bodenlebens. Es zeigt Zusammenhänge des Bodenaufbaus und lehrt die Entstehung des Bodens. Besonders spannend, fast wie ein Krimi, sind die mikroskopischen Aufnahmen, die zeigen, wie Mikroben in die Pflanze einwandern und sie ernähren. Faszinierend ist auch zu sehen, wie die Bodenmikroben sich abgrenzen, zusammenarbeiten und Schadorganismen in ihre Grenzen weisen.

Neuland – Landwirtschaft hat Zukunft. DVD oder Video, 30 Minuten, neu überarbeitet. Zu beziehen unter **www.em-chiemgau.de**

Die mit dem Grimme-Preis ausgezeichnete Münchener Dokumentarfilmerin Angelika Schubert hat Bauern, die EM anwenden, einen Sommer über beobachtet und deren Denken und Handeln aufgezeichnet. Ein kurzes Interview mit Prof. Dr. Monika Krüger, Veterinärmedizinerin in Leipzig und EM-Forscherin, gibt einen gut verständlichen Einblick in den wissenschaftlichen Hintergrund der Arbeit mit EM.

➤ Grundlagenliteratur

Deep Subsurface Microbiology. Bulletin der ETH Zürich, Nr. 294, August 2004

Rundengespräche der Kommission für Ökologie, 23, *Bedeutung der Mikroorganismen für die Umwelt*

Bischof, Marco: *Biophotonen. Das Licht in unseren Zellen.* Frankfurt (ZWEITAUSENDEINS) Dezember 2005

Chang, Jiin-Ju (Hg.) u. a.: *Biophotons.* Norwell, USA (Kluwer Academic Publishers) April 2002

Höflich, G., Glante, F., Liste, H.-H., Weise, I., Ruppel, S., Scholz-Seidel, C.: *Phytoeffective Combination Effects of Symbiotic and Associative Microorganisms on Legumes*. Muncheberg (Symbiosis 14) 1992, S. 427 – 438

Höflich, G., Ruppel, S.: *Growth Stimulation of Pea after Inoculation with Associative Bacteria*. Microbiological Research 149. 1994, S. 99 – 104

Hoffmann, Manfred (Hg.): *Vom Lebendigen in Lebensmitteln.* Hamburg (Deukalion) 1997

Kämpfer, P., Ruppel, S., Remus, R.: *Enterobacter Radicincitans sp., a Plant Growth Promoting Species of the Family Enterobacteriaceae*. Systematic and Applied Microbiology, 28, Nov. 2005, S. 213–221

Popp, Fritz-Albert (Hg.), L. V. Beloussov (Hg.): *Integrative Biophysics: Biophotonics*. Norwell, USA (Kluwer Academic Publishers), Mai 2003

Ruppel, S.: *Bedeutung der rhizosphären- und endophytischen Bakterien für die Pflanzenernährung*. Arch. Acker- Pfl. Boden Vol. 45, 2000, S. 329–341

Ruppel, S., George, E., Grosch, R.: *Diversität der Bodenmikroflora – eine Möglichkeit der Umweltindikation. In: Biologische Vielfalt mit der Land- und Forstwirtschaft*. Münster-Hiltrup (Landwirtschaftsverlag). Schriftenreihe: Angewandte Wissenschaft, Heft 494, 2002, S. 368–369

Ruppel, S., Hecht-Buchholz, Ch., Remus, R. Ortmann, U., Schmelzer R.: *Settlement of a Diazotrophic, Phytoeffective Bacterial Strain – Pantoea agglomerans – on Winter Wheat: An Investigation using ELISA and Transmission Electron Microscopy*. Plant and Soil 145, 1992, S. 261–273

Ruppel, S., Wache, H.: *Isolation and Selection of Phytoeffective Bacteria*. Zbl. Mikrobiol. 145, 1990, S. 599 – 603

Schilling, G., Gransee, A., Deubel, A., Lezovic, G., Ruppel, S.: *Phosphorous Availability, Root Exudates, and Microbial Activity in the Rhizosphere*. Journal of Plant Nutrition and Soil Science, 161 (4), 1998, S. 465 – 478

Der Autor

Ernst Hammes

Ernst Hammes ist pensionierter Landwirtschaftsberater. Nach dem Studium der Landwirtschaft war er Referendar im Bundesland Schleswig-Holstein, machte eine pädagogische Ausbildung in Stuttgart, war dann Landwirtschaftsberater in Niedersachsen im Kreis Vechta und wechselte später zur Landwirtschaftskammer nach Bonn. In einem sehr vielfältigen Berufsleben lernte er alle Bereiche der Landwirtschaft kennen. Seit über 20 Jahren ist das Bodenleben sein Steckenpferd. Als er 1998 EM, die Effektiven Mikroorganismen, kennenlernte, wusste er sofort: Das ist die Lösung für Landwirtschaft und Umwelt. Es folgten mehrere Studienaufenthalte im In- und Ausland und Vorträge bei nationalen und internationalen EM-Wissenschaftstagungen.

Er schrieb zahlreiche Fachartikel, gründete den EM e.V. mit, arbeitete am EM-Buch von Franz Peter Mau mit. Nach seiner vorzeitigen Pensionierung baute er die Ausbildung zum zertifizierten EM-Berater mit auf. Zusammen mit seiner Ehefrau Gisela van den Höövel, die wegen ihrer vielfältigen EM-Erfahrung auch in der Beraterausbildung tätig war, hat er nun ein eigenes Umwelt-Beratungsunternehmen für Haushalte, Landwirtschaft und Industrie gegründet. Bundesweit halten sie Vorträge und Seminare zu EM. Sie vermitteln auch EM-Fachleute aus vielen unterschiedlichen Bereichen für Beratungen, Vorträge und Seminare. Außerdem schreibt Ernst Hammes seit 2006 erfolgreich Sach- und Praxisbücher zum Thema EM.

Mehr unter: www.umwelt-lebensberatung.de

Das Buch

Die Verfasser geben weder direkt noch indirekt medizinische Ratschläge, noch verordnen sie eine Diät ohne medizinische Beratung als Behandlungsform für Krankheiten. Ernährungsfachleute und andere Experten auf dem Gebiet der Gesundheit und Ernährung vertreten unterschiedliche Meinungen. Es werden weder Diagnosen gestellt noch Verordnungen erteilt. Die Zielsetzung dieser Veröffentlichung liegt lediglich darin, Erfahrungen und Informationen aus der Wissenschaft anzubieten und die Zusammenarbeit des Lesers mit dem Arzt zu beiderseitigem Nutzen zu unterstützen.

Die Aussagen der Autoren beruhen auf Erfahrung und einem ausgiebigen Literaturstudium. Lesen Sie selbst in den Literaturquellen nach und bilden Sie sich eine eigene Meinung. Verantwortung für Ihr Handeln können und wollen die Autoren und der Verlag nicht übernehmen.

Probiotika und Nahrungsergänzungsmittel, die man ohne Rezept erwerben kann, verstehen wir als Hausmittel. Hausmittel zu verwenden ist nicht immer ungefährlich. Eine Mutter, die ihr Kind mit Hausmitteln behandelt, greift auf die Erfahrung der Vorfahren zurück oder auf Erkenntnisse, die in der Literatur beschrieben werden, und erzieht sich zur genauen Beobachterin.

Hausmittel zu benutzen heißt, die Verantwortung selber zu übernehmen und die Körperreaktionen sorgfältig zu beobachten. Wenn man sich nicht sicher ist, sollte man sich an jemand wenden, der in Gesundheitsfragen ausgebildet ist, also an einen Heilpraktiker, Arzt oder Apotheker.

Genehmigte Lizenzausgabe

tosa GmbH
Industriestraße 19
64407 Fränkisch-Crumbach 2015
www.tosa-verlag.de

ISBN 978-3-86313-514-0

Layout, Satz und
Umschlaggestaltung:
design cat GmbH

Bildnachweise

Illustrationen: Christoph Raffelt
(mit Änderungen von design cat GmbH 2015)

Außerdem folgende Bilder von **Shutterstock**: aargente 13/agsandrew 16/agsandrew 54/ajt 95/Alena Brozova 23/Alena Ozerova 88/Alex Gontar.eps 64/AlinaMD Cover Front+Back/ambrozinio 81/Andrea Danti 37/anyaivanova 72/Artem Furman 53/audaxl 101/Berkomaster 90/branislavpudar 52/Catalin Petolea 2/Ergorov Artem 18/fullempty 57/Gorban 22/Graeme Dawes 58/Halfpoint 55/HannaMonika 39/IgorGolovniov 67/it Komp2 45/it Komp5 45/Jakub Krechowicz 20/Janaka Dharmasena 20/Johan Larson 74/Johan Swanepoel 17/John Earl Webb 99/KKulikov Cover Front/Leigh Prather 33/Lightspring 42/lithian 86/locrifa 61/Lonely 71/Maridav 68/Marzolino 26/Mediagram 56/Mizina Oksana 35/Mopic 66/morrison 107/My Good Images 78/Nataliya Hora 24/Ollyy 80/oticki 51/ra3rn 30/Rasstock 108/Ratikova 46/Robert Adrian Hillman 36/rsooll 6/Sanit Fuangnakhon 43/Scott Sanders 36/ Sebastian Kaulitzki 59/Serg64 25/Sergio77 15/Siberia - Video and Photo 83/Stefan Holm 72/StockLite 85/Subbotina Anna 89/Sunny studio 28/szefei 63/Vlad Teodor 9/wrangler 84/

Alle weiteren Fotos: Ernst Hammes, Gisela van den Höövel